粗颗粒土橡皮膜嵌入影响及修正方法

吉恩跃　朱俊高　傅中志　著

黄河水利出版社
·郑　州·

内 容 提 要

本书介绍了作者研究团队近年来在粗颗粒土橡皮膜嵌入方面的主要研究成果。探讨了粗颗粒土三轴试验中膜嵌入的机制，总结分析了膜嵌入的影响因素；在此基础上提出了三种室内试验测试粗颗粒土橡皮膜嵌入量的试验新方法：内置铁棒法、多尺度三轴试验法及 K_0 试验法；基于板壳理论和弹性力学推导出了考虑初始孔隙比的橡皮膜嵌入量解析解，通过试验数据验证了解析解的准确性与可靠性；对堆石料常规三轴试验、等 p 路径、等应力比路径试验数据进行了橡皮膜嵌入的修正，依据修正后的试验结果进行了常用的邓肯 E-B 模型和 UH 模型的适用性验证。成果为粗颗粒土土工试验体变修正提供了科学方法，并为建立考虑复杂应力路径的本构模型提供了技术支撑。

本书可供高等院校水利水电工程专业师生及从事土石坝工程研究和安全管理的人员阅读参考。

图书在版编目(CIP)数据

粗颗粒土橡皮膜嵌入影响及修正方法/吉恩跃，朱俊高，傅中志著. —郑州：黄河水利出版社，2021. 11

ISBN 978-7-5509-3155-8

Ⅰ. ①粗… Ⅱ. ①吉… ②朱… ③傅… Ⅲ. ①土石坝-粗粒土-力学性质-研究 Ⅳ. ①TV641

中国版本图书馆 CIP 数据核字(2021)第 245406 号

出 版 社：黄河水利出版社　　网址：www. yrcp. com

地址：河南省郑州市顺河路黄委会综合楼 14 层　邮政编码：450003

发行单位：黄河水利出版社

发行部电话：0371-66026940、66020550、66028024、66022620(传真)

E-mail：hhslcbs@ 126. com

承印单位：河南新华印刷集团有限公司

开本：890 mm×1 240 mm　1/32

印张：5. 25

字数：150 千字

版次：2021 年 11 月第 1 版　　印次：2021 年 11 月第 1 次印刷

定价：48. 00 元

前　言

近年来,越来越多的高土石坝已在设计或建设中,准确预测其工后变形及内部应力情况显得尤为重要。对于已正常运行的高土石坝,受水位升降、外部荷载等因素影响,其应力状态更为复杂,数值计算的可靠性更加难以把握。通常,有限元计算所需的本构模型参数需根据室内试验的结果进行反演,所以试验结果的准确性影响有限元计算结果的可靠性,需要得到保证。

目前,大多采用常规三轴试验进行筑坝堆石料(室内缩尺后称为粗颗粒土)的力学特性测试。试验中,使用橡皮膜包裹试样,将其与压力水隔离,达到施加围压并测量排水量的目的,上下试样帽可进行轴向压力的施加,这样可测得试样从加载到破坏整体应力应变曲线,其后根据实际需求进行各类本构模型参数的反演。总体而言,影响粗颗粒土三轴试验结果的因素大多可归为:端部约束、成样方法、橡皮膜约束、橡皮膜嵌入等,学者们针对上述影响因素进行了大量研究,一定程度上减小了试验误差。对于粗颗粒土而言,外围压力通过橡皮膜传递到试样表面,由于试样土体表面凹凸不平,一定的围压及排水条件下橡皮膜会嵌入到试样表层颗粒的孔隙中,此种现象称为橡皮膜嵌入,也是影响粗颗粒土三轴试验结果准确性的最主要因素之一。由于孔隙水应力的存在,不排水试验中的膜嵌入问题比排水试验复杂得多,而且对于粗颗粒土,一般只做排水试验,本书仅研究排水试验的膜嵌入对体变量测的影响。

一般认为,对细粒土,这种橡皮膜嵌入引起的试样体积应变量测误差可以忽略不计,但是,对粗颗粒土,因橡皮膜嵌入引起的试样体变量测所产生的误差会很大,不能忽略。张丙印指出粗粒料的膜嵌入量可占排水量的30%~50%。对土石坝等进行有限元计算分析时,所需的本构模型参数常常依赖于三轴固结排水剪试验结果,如不对依据试样排水量测定的体变结果进行修正,计算结果会产生很大的误差。

目前,国内外的土工试验规范中均未涉及橡皮膜嵌入修正的方法,因此有必要寻找和建立可靠的修正方法,完善这方面的不足。基于上述研究背景,本书首先分析了橡皮膜嵌入的机制,讨论并指出了影响膜嵌入量的主要因素;其后提出了测量橡皮膜嵌入量的试验方法,分析了橡皮膜嵌入量与总排水量及围压的关系;基于能量守恒定律推导出了膜嵌入量的解析解,对比分析了本书给出的解析解和前人解析解与试验结果之间的差异。最后,利用本书提出的方法修正了某粗颗粒土等 p、等 q 及复杂应力路径三轴试验,验证了相关本构模型的适用性。

本书是作者团队在该研究领域成果的总结,王思睿、张灿虹参与了本书第1章~第3章的编写工作,耿之周、徐菲参与了本书第3章、第4章的编写工作,侯文昂参与了本书第2章、第5章的编写工作,徐卫卫参与了本书试验设备的研制和试验工作,米占宽对本书全书内容进行了指导。

上述成果是在国家重点研发计划项目“复杂条件下特高土石坝建设与长期安全保障关键技术”(2017YFC0404800)、国家自然科学基金项目“库水位循环下土心墙堆石坝坝顶裂缝产生机理与演化规律研究”(51809182)以及中国博士后科学基金特别资助项目“地震荷载下土心墙坝坝顶裂缝的扩展规律”(2019T120444)等项目的资助下完成的,本书的出版同时得到了南京水利科学研究院出版基金的支持,在此一并致以衷心感谢!

本书可供高等院校水利水电工程专业师生及从事土石坝工程研究和安全管理的人员阅读参考,希望本书的出版有助于提高粗颗粒土室内试验体变结果准确性及本构模型的合理性。

粗颗粒土橡皮膜嵌入影响及修正方法研究工作涉及土工试验、工程力学及岩土力学等多门学科，由于作者学识水平和工程实践经验所限，书中难免存在不足甚至错误之处，恳请广大读者不吝指教。

吉恩跃

2021 年 10 月

目　录

第 1 章　橡皮膜嵌入机制及影响因素分析

为深入研究橡皮膜嵌入量的影响,首先应分析橡皮膜嵌入的机制,进而分析影响橡皮膜嵌入量的因素,为本书后续的试验及理论研究打下基础。因此,本章从橡皮膜嵌入的细观机制入手,探讨了粗颗粒土三轴试验中膜嵌入的机制;依据国内外已有研究成果,总结分析了膜嵌入的影响因素;总结分析了国内外的橡皮膜嵌入试验及修正方法研究进展。

1.1　橡皮膜嵌入机制分析

在岩土工程土工测试领域,常常采用室内试验测试土体应力应变特性、体积变化或孔压变化规律、静止土压力系数等,进而获得土体的压缩模量、摩擦角等各类计算参数[1]。通过这些参数可采用各类计算方法对现场地基或各类岩土建筑物的工后及长期变形进行预测。

其中,常规三轴剪切试验仪广泛应用于各类土体应力变形特性的测试(见图 1.1-1),图 1.1-2 为所对应的三轴试验加压及数据采集程序界面,通过该程序可实现各种复杂应力路径的加载。

在上述常规三轴剪切试验仪中,橡皮膜作为试验必需的材料用于包裹试样(见图 1.1-3),主要作用体现在以下三个方面:

(1)制样时,便于试样成型,试验开始前,保持试样中立;

(2)隔绝试样与压力水,便于对试样施加围压;

(3)便于测量试样内排水量来得到试样体积变形。

①—压力室；②—轴向力施加系统；③—围压施加系统；
④—量测系统；⑤—电气控制系统；⑥—计算机及采集系统

图 1.1-1　中型三轴试验系统

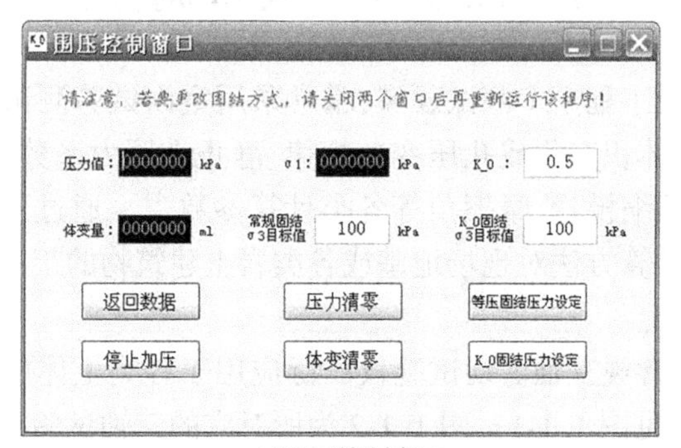

(a)围压控制窗口

图 1.1-2　三轴试验加压及数据采集程序界面

(b)采集信息窗口

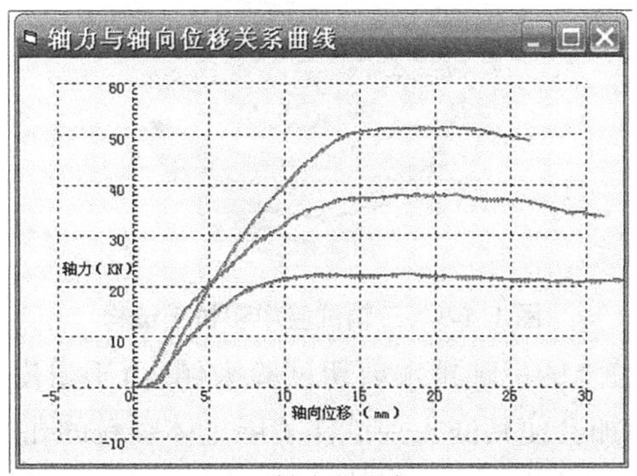

(c)轴力曲线窗口

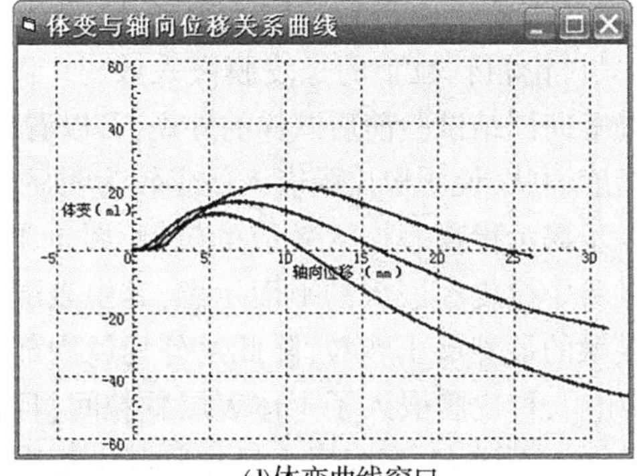

(d)体变曲线窗口

续图 1. 1-2

除了常规三轴仪,橡皮膜还广泛应用于岩土工程中的各类土工仪器,如真三轴试验仪、扭剪仪、水囊式 K_0 固结仪、平面应变仪等。

图 1.1-3 三轴试验中粗粒土试样

以粗颗粒土的三轴排水剪切试验为例,由于橡皮膜为柔性材料,围压的施加会使其嵌入到试样表层土体颗粒的孔隙中,该现象称为橡皮膜嵌入效应[2-4]。当然,橡皮膜嵌入效应只发生在粗颗粒土试验中,黏土等细粒土由于颗粒间孔隙较小,嵌入效应可以忽略,因此本书只讨论粗颗粒土的橡皮膜嵌入效应。图 1.1-4 给出了粗粒土三轴等向固结试验前后试样的外观,可以看出,试验后试样表面呈蜂窝麻面状,说明橡皮膜嵌入效应较为明显。

为更进一步揭示橡皮膜嵌入效应的机制,图 1.1-5 给出了粗颗粒土三轴试验中橡皮膜嵌入的平面示意,其中表层土体是指与橡皮膜直接接触的最外层土颗粒,除此之外均属内部土体。可以看出,施加围压后,橡皮膜嵌入了土体表层颗粒间,且膜嵌入的程度随着围压的增大而增大,高围压下橡皮膜基本都嵌入到表层土颗粒孔隙中。图中阴影部分为试验测得的试样体积变化(排水

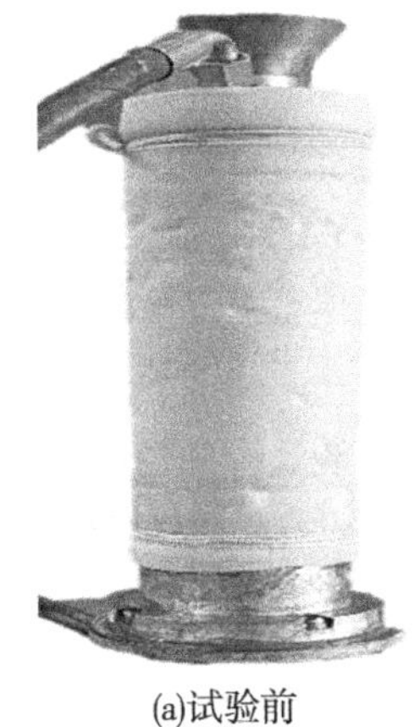
(a)试验前

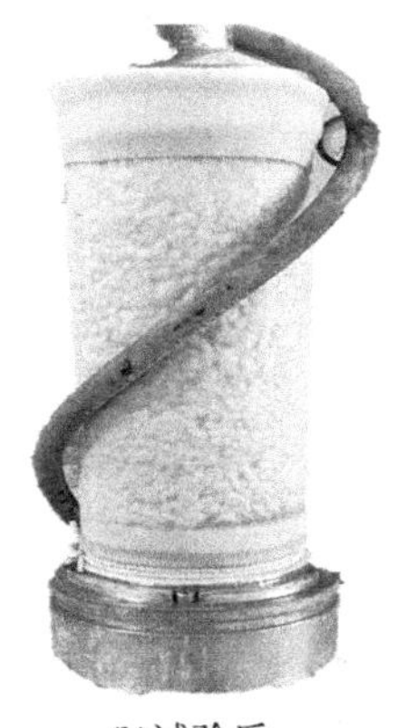
(b)试验后

图 1.1-4　粗颗粒土三轴等向固结试验前后试样外观对比

量),由于膜嵌入到颗粒中,测得的试样体积变化包含了膜嵌入引起的体积变化(无效体变)及试样真实体积变化(有效体变)。因此,膜嵌入引起的无效体变需从总排水量中剔除,以得到试样的真实体变。

上述分析不难看出,一定围压下膜会嵌入到试样表层土体中,即内部土体的基本物理力学特性(颗粒含量、组构或粒径大小等性质)不会影响到最终嵌入量的大小。很多学者利用此思想进行减小或消除膜嵌入效应的试验研究,例如 Lade 和 Hernandez[5] 在橡皮膜内部贴上 0.015 mm 厚、体积约为 25 mm^3 的铜片来减少橡皮膜嵌入量;Kickbusch 和 Schuppener[6] 在橡皮膜上涂抹液体橡胶进行试验,发现此方法效果较为明显,可以减少约 80%以上的橡皮膜嵌入体积;Raju 和 Venkataramana[7] 对砂土液化中的嵌入的影响进行研究,采取了在橡皮膜内表面涂抹黏液状的聚氨酯,经对比,橡皮膜嵌入量减少了约 85%。本书第 3 章中的膜嵌入解析解推导也是假设膜只嵌入到表层的土颗粒孔隙中,内部土体的物理

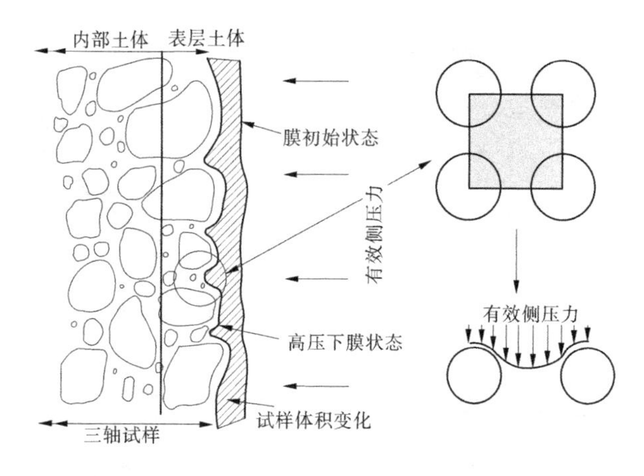

图 1.1-5 三轴试验橡皮膜嵌入示意

力学特性不影响最终嵌入量的大小。

上述分析可以得出:对于饱和粗颗粒土三轴排水试验,试验过程中试样的总排水量应等于试样土体的体积变形加上橡皮膜的嵌入量,即

$$\Delta V = \Delta V_s + \Delta V_m \tag{1-1}$$

式中 ΔV——排水量;

ΔV_s——试样土体的体积变形;

ΔV_m——橡皮膜嵌入量。

ΔV 在试验中可直接测得,ΔV_s、ΔV_m 不能通过试验直接测得,因此需要通过间接方法来测量膜嵌入量。

1.2 橡皮膜嵌入量影响因素

1.2.1 有效净压力的影响

大量的研究表明[8-9],各类试验中有效净压力 p 是决定膜嵌入量大小的最主要因素之一：p 越大，膜嵌入程度越大，嵌入量越大，高围压下膜嵌入程度较初始固结压力下要大很多。以 Ali 等所做的膜嵌入试验为例（见图 1.2-1），试验围压从 50 kPa 增大到 235 kPa 过程中，橡皮膜嵌入量增大了 4 倍之多。上述试验还仅仅针对砂土，对于堆石料等孔隙较大的粗颗粒土，有效净压力影响更大。

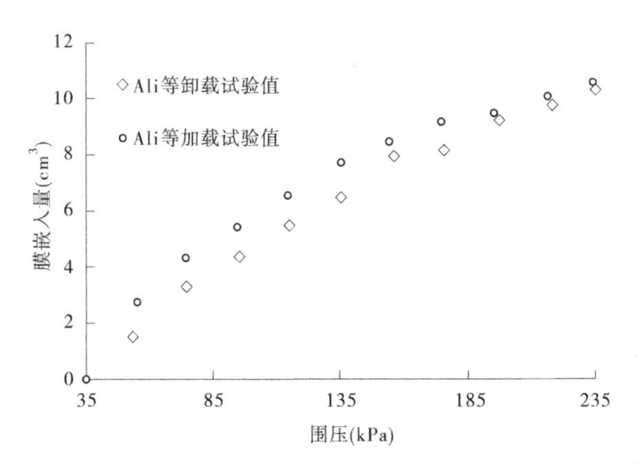

图 1.2-1　橡皮膜嵌入量与围压关系曲线（Ali 等[9]）

1.2.2　颗粒粒径的影响

粒径的大小也是影响膜嵌入的主要因素之一。Frydman[10] 等做了大量粗颗粒料的空心圆柱试验，指出在任何有效净压力作用下，影响膜嵌入量的主要因素是粒径的大小，颗粒越大影响越大。当平均粒径小于 0.2 mm 时，嵌入量小到可以忽略。且他指出相对密度、颗粒形状、颗粒材质对嵌入量的影响很小。

Steinbach[11] 对 18 种不同级配的砂进行了膜嵌入试验，指出不同级配砂的膜嵌入量相当于该级配下直径为 d_{50} 均匀砂的嵌入量。孙益振等[12] 利用数字图形测量系统来研究橡皮膜嵌入，根据其试验的结果可以看出:IOS 标准砂的平均粒径 d_{50} 越大,相应的橡皮膜嵌入量越大:最大围压 0.3 MPa 下,当粒径从 0.7 mm 增大到 2 mm 后,膜嵌入量从 989 mm^3 增大到 2 749 mm^3,增大了快 3 倍。从 Noor[13] 等的试验结果可以看出,当平均粒径从 0.3 mm 增大到 2.0 mm 的同时,膜嵌入量也大幅增加,最大增加了约 2 倍(见图 1.2-2)。

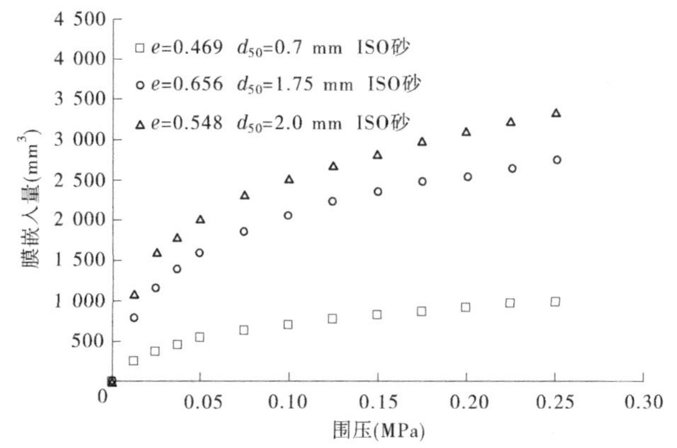

图 1.2-2　不同粒径下 ISO 砂膜嵌入量与围压关系曲线(孙益振等[12])

1.2.3　橡皮膜特性的影响

另一个主要影响因素是橡皮膜本身的特性,主要指橡皮膜厚度和弹性模量。Kickbusch 和 Schuppener[14] 做了大量的试验来研究橡皮膜厚度对嵌入量的影响,试验表明:相同的试样和围压下,橡皮膜厚度增加 5 倍后,嵌入量减少了约 50%,原因是橡皮膜厚度增加后,其刚度显著增大,在相同试验粒径下,膜不易嵌入到颗粒间孔隙中。

Molenkamp 和 Luger[15] 指出,应用合适的橡皮膜后,嵌入量最大可以减小 5 倍之多:橡皮膜最好选择刚性较大的材料,以代替传统的乳胶橡皮膜;橡皮膜厚度最好与土料平均粒径相当;土料平均粒径与试样尺寸的比值不宜过大(约 0.003);对于其所做的松散砂试验,膜弹性模量宜控制为 5×10^4 kPa。该书针对不同厚度的橡皮膜(相较于土料粒径),推导了相关修正公式。

另外,橡皮膜与试样表面接触的面积 A_m 也是影响嵌入量的因素,嵌入量与 A_m 一般呈正比例关系,如研究单位面积嵌入量,可不考虑此因素。

总结以上研究成果可以得出,影响橡皮膜嵌入量的主要因素是:有效净压力 p、有效粒径 d_{50}、橡皮膜厚度 t_m、弹性模量 E_m、接触面积 A_m。诸如颗粒形状、颗粒材质等因素影响较小,这里暂不考虑。

1.2.4　土体密实度的影响

除了上述影响因素,土体密实度也应是橡皮膜嵌入的重要影响因素之一,此处密实度是指制样完成后试样的初始密实度。从图 1.2-3 中可以看出,松散状态下试样表面的相邻土颗粒间隙较大,相同压力下膜更容易嵌入到颗粒孔隙中,因此对于松散状态下的土体,得到的膜嵌入量较密实状态下要大。土体密实度可用初始孔隙比 e 来定量表征,Bopp 和 Lade[16] 在其研究中指出大围压下初始孔隙比对膜嵌入有较大的影响,必须要进行修正。Bojac 和 Feda[8] 针对砂土做了 12 组 K_0 固结试验,试验所用砂的初始孔隙率设置为 36%~42%(对应的相对密实度为 0.3~0.8)。试验结果表明,K_0 与初始孔隙率呈较好的线性关系,孔隙率越大,K_0 越大;可用双曲线关系表示膜嵌入量与 K_0 以及围压之间的关系;经验证,孔隙率上升 15%左右,膜嵌入量能增大到初始值的 1 倍左右。

因此,对于橡皮膜嵌入的研究,初始孔隙比的影响也应考虑进去。

1.3　橡皮膜嵌入试验研究进展

从学者们意识到橡皮膜嵌入效应对试验结果的影响以来,开

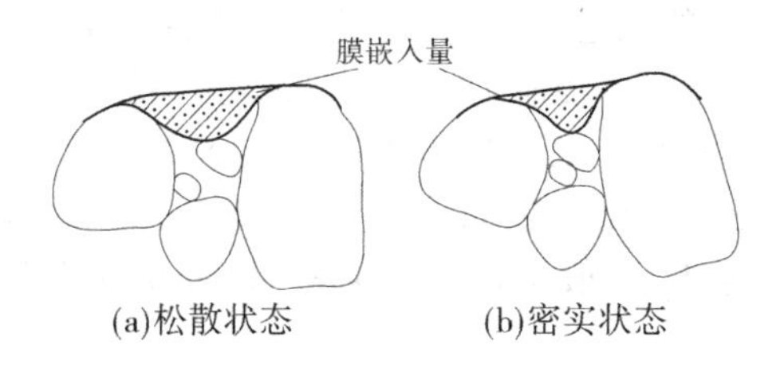

图 1.2-3 不同状态下土颗粒排布示意

展了大量的试验研究,大体可以概括为三种方法:①降低橡皮膜嵌入影响的试验方法;②直接测量膜嵌入量的试验方法;③间接测量膜嵌入量的试验方法。

1.3.1 降低橡皮膜嵌入影响的试验方法

学者们最初在意识到橡皮膜嵌入影响后,采取了多种降低嵌入量的办法,试图将膜嵌入影响降低到最低。Lade 和 Hernandez[5] 在橡皮膜内部贴上 0.015 mm 厚、体积约为 25 mm^3 的铜片来减少橡皮膜嵌入量,结果表明,可以减少约 2/3 的橡皮膜嵌入影响。Noor 等采用在试样外围填细砂的方法来减小嵌入量,如图 1.3-1 的方式。Kickbusch 和 Schuppener[14] 在橡皮膜上涂抹液体橡胶进行试验,发现此方法效果较为明显,可以减少约 4/5 以上的橡皮膜嵌入体积。Raju 和 Venkataramana[7] 对砂土液化中的嵌入的影响进行研究,一共采取了 3 种方法:①使用正常的橡皮膜;②在橡皮膜内放置 0.1 mm 厚的乙烯条;③在橡皮膜上涂抹黏液状的聚氨酯。经过对比,发现放置 0.1 mm 厚乙烯条的试样,其橡皮膜的嵌入量减少了约 65%。而对于涂液态聚氨酯的试样,其嵌入量减少约 85%。这些方法虽然可以减少橡皮膜的嵌入量,但均存在一定的缺陷。如 Lade 等的贴铜方法,此方法一方面可能会增大试样的径向刚度,另一方面铜片摩擦力的影响不能忽视;对于 Kickbusch 等的涂抹液体橡胶法,在应变较大时,需要考虑砂与橡胶混合层的影响。可以看出,在消除橡皮膜嵌入方面的研究较少,并且这些方法多少都会对试样的应力应变状态产生影响。故在消除橡皮膜嵌入影响方面还有待进一步的研究。

(a)外围填细砂试样

(b)普通试样

图 1.3-1　不同三轴试样对比(Noor 等[13])

1.3.2　直接测量膜嵌入量的试验方法

除了上述降低嵌入量的试验手段,学者们还试图通过一些特殊试验方法直接测得橡皮膜嵌入量,进而做到对普通试验结果进行修正的目的。

如图 1.3-2 所示,Kramer 等[17]提出了双层膜法测量橡皮膜嵌入量,以及改进的手动补偿橡皮膜顺变性的方法[18],包括三轴仪压力室,试样外套有的橡皮膜分别为内层橡皮膜和外层橡皮膜,底座内设置小直径的排水通道,内插 PVC 软管,PVC 软管与底座间设置密封圈,PVC 软管外连接控制开关及体变管,控制开关可控制试样内水的进出,进而直接测量试样的排水量,内外排水量之差即为橡皮膜嵌入量。

作为比较,Kramer 等[17]同时也提出了另一种直接测试嵌入量

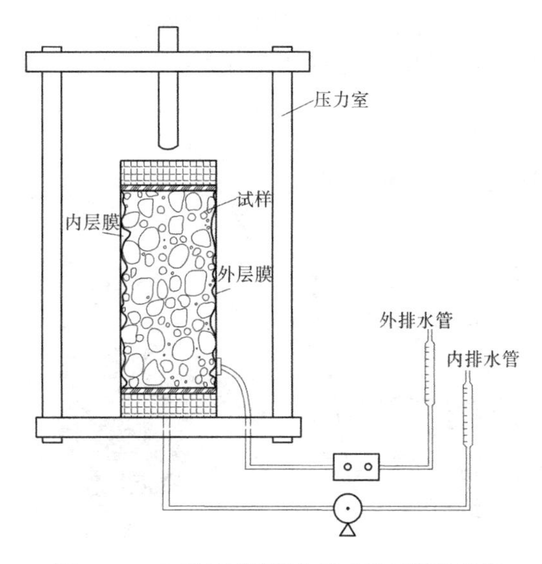

图 1.3-2　三轴试验膜嵌入影响双层膜法示意

的试验方法，开发了相应的试验装置，分为上下两个部分，中间用橡皮膜隔离，如图 1.3-3 所示。由于下部一层球体/土颗粒本身不发生变形，下部试样排水量均为嵌入引起的体变量。该装置相较于上一三轴试验装置更为简单有效，但只能测量刚性体或大粒径粗粒土的嵌入量。

Ramana、Tokimatsu、Nicholson 等[19-21]改进了上述系统，通过计算机控制，不断地将水注入或抽出，实现了不排水条件下橡皮膜顺变性引起的测量结果误差补偿，但是该方法仍然存在膜的厚度会影响压力的均匀传播，以及不饱和试样在试验过程中量测系统的体积随压力变化而发生变化，与三轴不排水试验试样体积不变的假定相矛盾，且此方法操作难度较大。

如图 1.3-4 所示，Ali 等[9]使用水泥胶结砂土试样来直接测量橡皮膜嵌入量，试验基本原理为：由于水泥胶结试样刚度较大，较

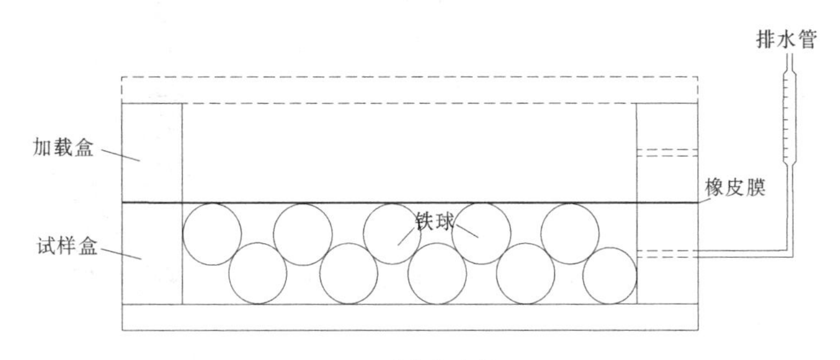

(a)剖面示意

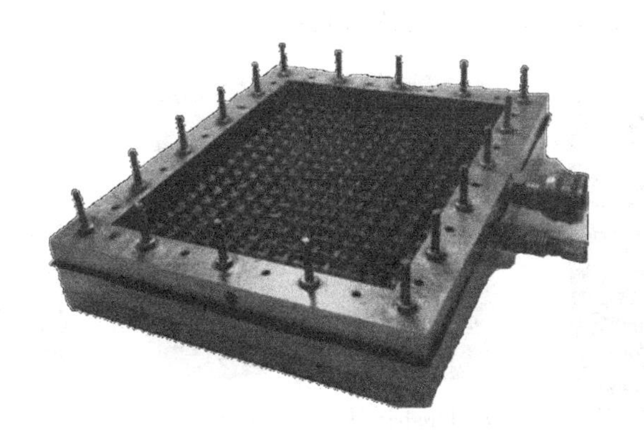

(b)实物

图 1.3-3　直接测量膜嵌入量的试验装置[17]

小的围压下可近似认为试样本身不产生体积变形,这样测得的总排水量即为该围压下橡皮膜的嵌入量。

类似地,Mirra 和 Kawamura[22]首先在普通三轴成膜桶内制备三轴试样(见图 1.3-5),其后为了试样成型,将试样进行-25 ℃冰冻,最后在试样外表面放置一圈 1.5~3.5 mm 的细砂,认为此时试样的橡皮膜嵌入效应即可忽略。对比相同试样的常规三轴试验,即可得出膜嵌入量大小。

潘洪武等[23-24]针对颗粒材料的接触特点，利用 Nagata Patch 方法重建颗粒表面，并基于重建曲面进行接触状态的判断和接触几何信息的计算，开发了高效的颗粒接触算法。如图 1.3-6 所示，该法采用 dual mortar 有限元方法处理颗粒和橡皮膜间的接触模拟，针对橡皮膜变形较大的特点，采用更新坐标的大变形计算格式，并根据重建的颗粒表面对颗粒—橡皮膜的距离进行几何修正，实现了颗粒—橡皮膜接触的精细化模拟。进行了 Kramer 等[17]的钢球试验及粗颗粒料和

图 1.3-4 水泥胶结砂土试样[9]

(a)Mori砂

(b)Kashiwabara砂

(c)破碎块石

(d)Kashiwabara和toyota混合砂

图 1.3-5 不同土料的三轴试样[22]

标准粗砂三轴试验[12]橡皮膜嵌入过程的模拟计算，计算结果符合一般规律。

1.3.3 间接测量膜嵌入量的试验方法

直接测量橡皮膜嵌入量的试验方法一般需要特殊设计的仪器设备，且试验过程较为复杂，因此一些学者尝试通过常规试验设备间接测量橡皮膜嵌入量。

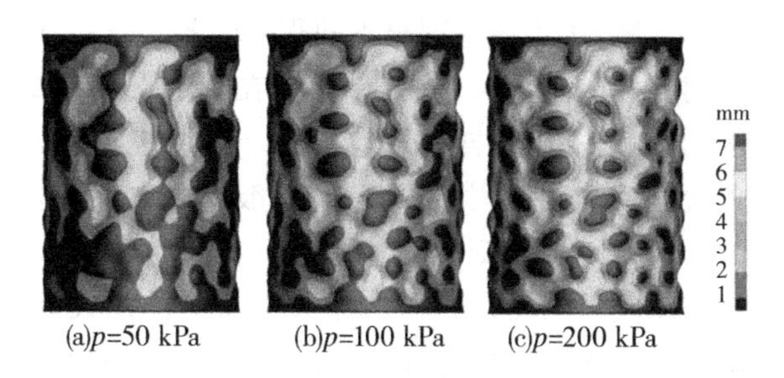

图 1.3-6　粗颗粒土试样橡皮膜嵌入模拟[23]

Newland 和 Alley[25]最先基于各向同性的假定，认为在等向固结状态下土体的体变等于 3 倍的轴变。即有下式：

$$\varepsilon_V = 3\varepsilon_1 \tag{1-2}$$

从而土骨架的变形量 ΔV_s 与土体的体积 V_0 及土体轴变 ε_1 之间有如下的关系：

$$\Delta V_s = 3\varepsilon_1 V_0 \tag{1-3}$$

从式(1-1)可以看出，三轴试验中土体总体变 ΔV 由土体的体积变形 ΔV_s 与橡皮膜嵌入量 ΔV_m 构成。因此，联立式(1-1)和式(1-2)、式(1-3)即可得出橡皮膜嵌入量表达式：

$$\Delta V_m = \Delta V - \Delta V_s = \Delta V - 3\varepsilon_1 V_0 \tag{1-4}$$

此方法简单实用，只用等向固结试验即可得出橡皮膜的嵌入量，不需要增加任何附加的设备。张丙印等[26]利用此方法，对粗颗粒土进行三轴等向固结试验来研究橡皮膜的嵌入规律，试验研究表明，橡皮膜的嵌入量 ΔV_m 与侧向压力 σ_3 之间呈双曲线的关系，如式(1-5)所示：

$$\Delta V_m = \frac{100\sigma_3}{A + B\sigma_3} \tag{1-5}$$

其中，A 与 B 均为试验常数，可以通过坐标变换求出。

试验结果同时发现，橡皮膜的嵌入大部分均在低围压下完成，且嵌入体积约占总体积的 30%～50%。张丙印等也指出该方法存在的三个关键问题:①土体呈现出不同程度的各向异性,而该方法基于的是各向同性的假设,试验结果会存在一定误差。②受试样表面凹凸度的影响,不同试样的试验结果会产生一定差异,但若严格按照相关规程控制制样程序,则差异一般不会太大。③该方法最为关键的一步便是轴向变形的量测,其精度直接决定了橡皮膜的嵌入体积的精度。因此,准确量测轴变是此方法的关键。

上述基于试样等向固结进行橡皮膜嵌入量测试的方法原理简单,便于运用,但国内外诸多学者对其假设持怀疑态度。如 Vaid 和 Negussey[27]认为体变为 3 倍轴变的关系仅在弹性变形时才成立,即土体的回弹阶段成立。Banerjee 等[28]则认为只有当围压高于 800 kPa 时,体变才近似等于 3 倍的轴变。吉恩跃等[29]也进行了等向固结试验,其研究表明围压低于 900 kPa 时,体变与轴变的比值约为 4.1,而在围压高于 900 kPa 时,其比值与 3 最接近,此时试样近似为各项同性。除此以外,这种方法仅仅只考虑了围压的影响,对于影响橡皮膜嵌入的诸多因素,如孔隙比、级配、橡皮膜厚度等均没有考虑,因此此方法只能用于橡皮膜嵌入的粗略修正。

Bohac 和 Feda[8]提出了采用 K_0 固结试验的方法来间接计算橡皮膜嵌入量的方法。在 K_0 固结试验中,由于试验始终保持为 K_0 固结状态,则试样围压为:

$$\sigma_3 = K_0\sigma_1 \tag{1-6}$$

此时,理论上试样侧向变形应为 0,因此试验测得的体变与轴向应变的差值就应为橡皮膜的嵌入量:

$$\varepsilon_{Vm} = \varepsilon_V - \varepsilon_a \tag{1-7}$$

试验结果表明,嵌入量与围压之间可用双曲线来表示:

$$\varepsilon_{Vm} = \sigma \frac{\sigma_3}{a + b\sigma_3} \tag{1-8}$$

但是上述方法对于试验仪器及控制程序的精度要求较高,试验过程中需要保持试样始终维持在 K_0 固结状态。

如图 1.3-7 所示，Roscoe[30] 最早提出了铜棒法间接测量橡皮膜嵌入量，此方法的原理是在土体之中埋置与试样高度相等但直径各不相同的铜棒来改变土体的体积，并测得在不同围压下的排水体积。将各个试验点拟合后土体体积为 0 时的体积便近似为橡皮膜的嵌入体积 ΔV_m。此种方法存在着一定的问题，如吉恩跃等[33] 指出，当铜棒长度与试样高度一致时，铜棒可能会限制土体的轴向变形，并且三轴试验的试样帽为刚性，当施加应力时，铜棒上可能会产生应力集中现象，这样便使得土体不再是等向固结的状态。因此，吉恩跃等[29] 对方法加以改进，不采用等高度铜棒，而在试样上下两端各留 3 cm 来填充土料，如图 1.3-8 所示。这样就避免了高度一致所带来的施加的垂直应力大于土体所受的径向应力的问题。但不论做何种改进，铜棒的加入都可能会影响土体的应力分布以及土体变形的发展趋势。如 Nicholson 和 Seed[21] 指出内部土样的应力与应变场和铜棒直径的大小可能存在函数关系。

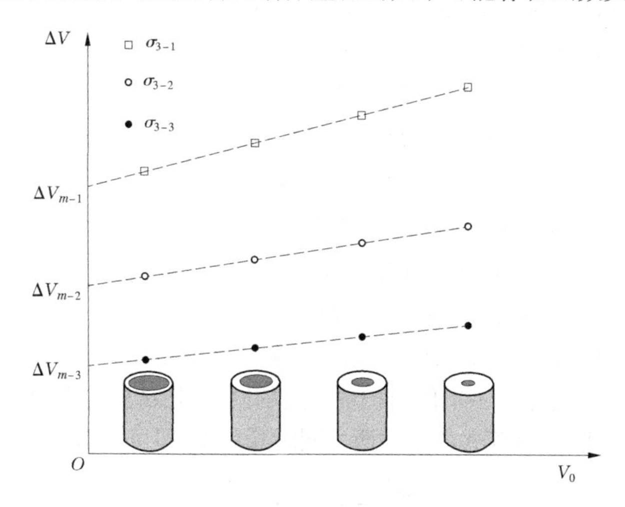

图 1.3-7　铜棒法示意

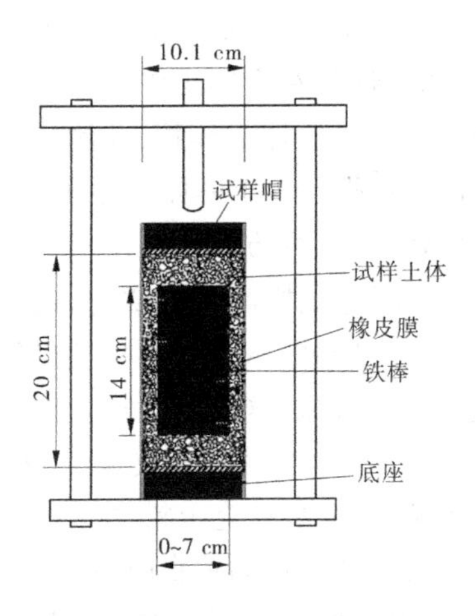

图 1.3-8 吉恩跃等[29]改进示意

考虑到铜棒法可能存在的一些问题，Frydman 等[10]提出用空心圆柱试样来调整土样的体积 V_0，并且将试样的表面积作为变量来研究橡皮膜的嵌入体积。其表达式如下所示：

$$\left.\begin{aligned}\Delta V &= \Delta V_s + \Delta V_m \\ \Delta V_s &= \varepsilon_V V_0 \\ \Delta V_m &= \Delta v_m A_m\end{aligned}\right\} \tag{1-9}$$

式中 ΔV——土体总的排水体积；

ΔV_s——土骨架的变形体积；

ΔV_m——橡皮膜嵌入体积；

V_0、ε_V——土颗粒的体积、土颗粒体应变；

Δv_m、A_m——单位面积橡皮膜的嵌入量、试样的表面积。

将式(1-9)等式的左右两边同时除以 V_0 即可得出下式：

$$\frac{\Delta V}{V_0} = \varepsilon_V + \Delta v_m \frac{A_m}{V_0} \tag{1-10}$$

不同内径的空心圆柱试样可以得出多组 A_m/V_0 与 $\Delta V/V_0$ 的

结果,之后用直线进行拟合,则 Δv_m 与 ε_V 分别为直线的斜率与直线的截距,如图 1.3-9 所示。此方法虽然解决了铜棒对试样应力应变的影响,但是空心试样的制样难度较高,需要特殊装置且对颗粒的尺寸有着严格的要求,因此此方法目前使用并不广泛。

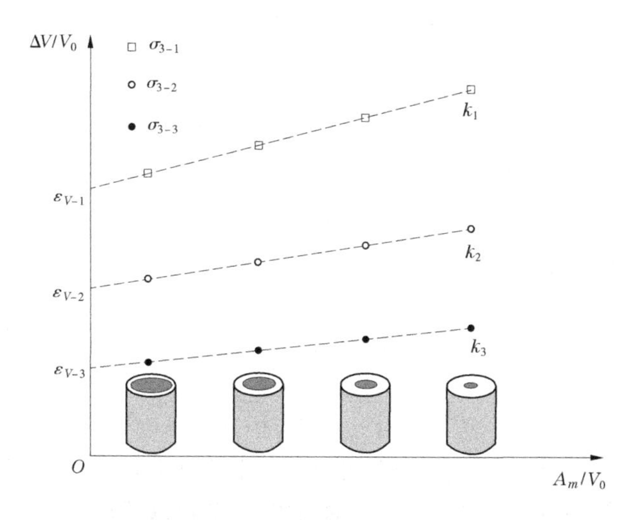

图 1.3-9　空心圆柱法

通过以上介绍可以看出,铜棒法与空心圆柱法分别存在理论合理性与试验可操作性方面的不足。为了解决这些问题,Seed 等[31]提出了一种双尺寸的方法(Two-Scale Method),此方法的思路与空心圆柱法相似,假定一定条件下两种不同尺寸试样的土体应变 ε_V 与橡皮膜单位面积嵌入量 Δv_m 相等,在式(1-9)的基础上,以两种不同尺寸的三轴试样来实现 A_m/V_0 的变化,等向固结条件下逐级排水固结得出不同围压之下的土体应变 ε_{Vs} 与橡皮膜单位面积嵌入量 Δv_m。运用这种方法能够较好地克服颗粒尺寸方面的限制且减小了制样的难度。为了使双尺寸法的假定条件得以实现,Seed 等[31]也进一步要求两种尺寸的试样要保证制样的方法、相对密度、固结条件、样端接触条件与高径比(试样高度/直径)等方面条件相同来保证橡皮膜单位面积嵌入量及土体应变相等。在相同围压下,两种试样的总体积变化可以用下式表示:

$$\begin{aligned}\Delta V_1 &= \varepsilon_{Vs} V_{s,1} + \Delta v_m \cdot A_{m,1} \\ \Delta V_2 &= \varepsilon_{Vs} V_{s,2} + \Delta v_m \cdot A_{m,2}\end{aligned} \tag{1-11}$$

式中 ΔV_1、ΔV_2——相同围压下两个试样的总体积变化量;

$V_{s,1}$、$V_{s,2}$——两个试样的体积;

$A_{m,1}$、$A_{m,2}$——两个橡皮膜的接触面积;

ε_{Vs}——试样的体积应变。

将式(1-11)中的两个式子联立即可求得土体的体积应变及橡皮膜的嵌入量,其表达式为:

$$\varepsilon_{Vs} = \frac{A_{m,2}\Delta V_1 - A_{m,1}\Delta V_2}{V_{s,2}A_{m,1} - V_{s,1}A_{m,2}} \tag{1-12}$$

$$\Delta v_m = \frac{V_{s,2}\Delta V_1 - V_{s,1}\Delta V_2}{V_{s,2}A_{m,1} - V_{s,1}A_{m,2}} \tag{1-13}$$

此方法原理简单,可操作性强。但此方法并没有如同铜棒法一样普及并被人们使用。这可能是由于受到以往试验条件的限制,铜棒法相对来说更加简单。但目前试验条件得到了很大的发展,同一试验仪器上改变试样的尺寸已经变得十分容易。因此,与前述两种方法相比较,此方法相对来说更加合理。

孙益振等[12]利用数字图像方法进行膜嵌入影响修正(见图1.3-10),试验中先将三轴试样分为四段,之后通过自主研发的数字测量系统,在试验的过程之中对每段土体的标志线中心位置间的距离及试样直径进行量测,进一步得出试样在不同时刻时的轴向应变及径向应变,从而得出试样的真实体变。后将真实体变与传统方法下得出的体变进行对比,两者之差即为橡皮膜的嵌入量。此方法目前不够普及,其适用性及可靠性需进一步的验证。

通过以上研究可以发现,在消除橡皮膜的影响方面,则研究成

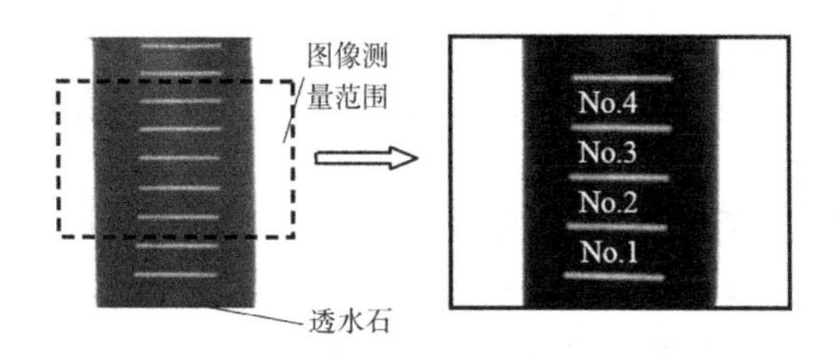

图 1.3-10　数字图测量范围[12]

果较少,这是因为消除橡皮膜的影响都不可避免地会对试样的应力应变状态产生影响;在橡皮膜嵌入试验方面,多数研究集中在通过特定试验手段探寻橡皮膜嵌入的规律;在数字图像方面,由于近年来才刚刚兴起,因此这方面的研究很少,方法不够普及,其适用性及可靠性还需要进一步的研究验证。

总体而言,对于在试样表层涂液体胶或贴薄铜片等直接减小以达到消除橡皮膜的嵌入方法,一方面会增大试样的径向刚度,另一方面粗颗粒土粒径较大,对于高围压下试样,还是会有部分嵌入,因此此方法不再适用于粗颗粒土。直接测量橡皮膜嵌入量的试验方法需要特定的设备,且加载过程难以准确控制,试验结果准确性存疑;间接测量橡皮膜嵌入量的试验方法较为可靠,且试验方法相对简单,也是学者们研究最为深入的方法。但目前间接测量橡皮膜嵌入量的试验方法主要针对砂,针对粗颗粒土橡皮膜嵌入的研究少之甚少,而且上述试验的围压较低(200 kPa 以内)。所以,只能通过试验手段间接得出嵌入量的大小,如在试样中心埋置铜棒的方法。由于采用和试样同高度的铜棒会增大试样的端部约束,限制其轴向变形,此方法还需进一步改进。此外,对于大围压下的粗颗粒土,Roscoe[30]得出的排水量与棒直径之间呈线性关系的结论还需试验进一步验证。

1.4　橡皮膜嵌入修正方法研究进展

除了针对膜嵌入的试验研究,学者们还尝试通过试验结果或理论分析建立橡皮膜嵌入修正的模型,以对试验结果进行修正。目前已有的修正模型大体可以分为经验模型和解析解模型。

1.4.1　经验模型

Nicholson 等[32]依据铜棒法的试验结果发现,单位面积橡皮膜嵌入量与有效围压的对数函数成正比关系,可以表示为

$$\Delta v_m = S\lg\sigma_3 \tag{1-14}$$

式中　S——正则嵌入度,即单位面积嵌入量与对数条件下有效围压的比例系数。

因此,只需得知 S 值,即可得出单位面积的嵌入量。之后 Nicholson 等又对 S 与特征粒径 d_{20} 之间的关系进行研究,发现可用二次函数较好地拟合两者的关系:

$$S = 0.001\,9 + 0.095d_{20} + 0.000\,015\,7d_{20}^2 \tag{1-15}$$

至此,Nicholson 等的模型得以建立。此模型只能反映单一特征粒径 d_{20} 的影响,而无法反映其他因素(如初始孔隙比、橡皮膜厚度等)对嵌入量的影响。因此,此公式较为粗糙,只能用于橡皮膜嵌入量的简单估算。

刘荟达等[33]在 Nicholson 等所提出模型的基础上,通过双尺寸法,利用大型三轴仪,对 11 种级配的砾性土开展了不同橡皮膜厚度的嵌入体积量测分析,获取了单位面积橡皮膜嵌入体积与土骨架回弹体应变两个关键指标。基于试验结果分析了橡皮膜嵌入量的主要因素影响规律,并建立宽级配砾性土试样橡皮膜嵌入量新的经验公式。该公式认为试样尺寸不会影响橡皮膜嵌入体积,橡皮膜厚度的影响取决于它与土颗粒之间的相对大小,而试样级

配影响颇大且不能仅由单一特征粒径判断其影响，因此大粒径土样橡皮膜嵌入量最终主要由有效围压和试样级配条件确定，采用 d_{10}、d_{20}、d_{50} 描述嵌入度：

$$S = ad_{10}^{b} + cd_{20}^{d} + ed_{50}^{f} \tag{1-16}$$

其中，a、b、c、d、e、f 由试验值拟合得到。

经过 40 组数据拟合最终得到宽级配粗粒土橡皮膜嵌入经验修正公式为

$$\begin{aligned} &S = 0.012\,5d_{10}^{1.29} + 0.113d_{20}^{0.75} + 0.003\,82d_{50}^{1.26} \\ &\Delta v_{m} = S\lg p \end{aligned} \tag{1-17}$$

式中　Δv_{m}——橡皮膜单位嵌入体积；

S——嵌入度；

p——有效净压力。

理论上，该公式精度要优于 Nicholson 等的单因素经验公式。

张丙印等[26]进行了粗颗粒土的大型三轴等向固结试验，依据各项同性的假设得出了各级有效围压下橡皮膜的嵌入量。发现嵌入量 ΔQ 与有效围压 σ_{3} 的关系曲线呈现较为良好的双曲线型，于是用下式描述两者的关系：

$$\Delta Q = \frac{100\sigma_{3}}{A + B\sigma_{3}} \tag{1-18}$$

式中　A、B——试验常数。

张丙印等提出的经验模型可以较好地反映有效围压这一主要因素的影响规律。但与 Nicholson 等[32]的模型一样，无法反映橡皮膜厚度、级配等因素的影响。因此，该模型也只能用于嵌入量的简单估算。

1.4.2　解析解模型

1981 年，Molenkamp 和 Luger[34]研究了四种不同嵌入机制下橡皮膜嵌入量的计算方法：橡皮膜厚度大于土颗粒直径（$t/D>1.0$）时，提出了基于赫兹解（Timoshenko 和 Goodier 1970）的侵入模型（Indentation model）；对于与土颗粒直径相似的中等厚度的膜（$t/D>0.5$），提出了基于剪切变形和弯曲变形的耦合计算模型（Cross-force deformation model）；针对薄膜和大挠度（$t/D<0.2$；$\alpha/D>0.2$），建立了基于薄膜理论的轴向应变模型（Axial strain model）。橡皮膜嵌入示意见图 1.4-1。

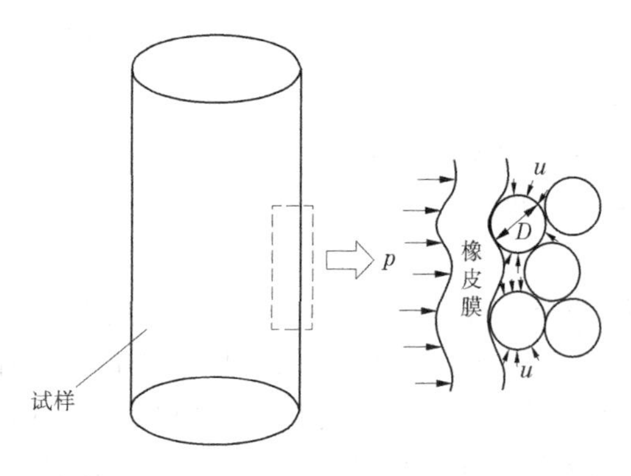

图 1.4-1　橡皮膜嵌入示意

这里，由于膜厚度相较于粗颗粒土直径较小，因此仅轴向应变模型适用于粗颗粒土的嵌入量计算。对于轴向应变模型，Molenkamp 和 Luger 假设在方形单位面（4 个球体均匀排列组成）上橡皮膜的变形形状与支撑在单元体所有侧面上的方形膜相同。经推导得到膜单位面积嵌入量为

$$\varepsilon_m = 0.16 d_{50}\left(\frac{p d_{50}}{E_m t_m}\right)^{\frac{1}{3}} \tag{1-19}$$

Molenkamp 和 Luger 同时建议将轴向应变模型与剪切/弯曲变形模型相耦合。其给出的组合影响因素建议值变化系数为 2.7～7.5，实际应用时必须通过拟合相应的试验数据来确定。

1984年,为计算橡皮膜嵌入解析解,如图1.4-2所示,Baldi和Nova[35]简单假设了一个单位球组,由四个球体组成,其中砂土颗粒被假定为均一粒径为d_g的颗粒,图中阴影部分为球体与橡皮膜接触区域。

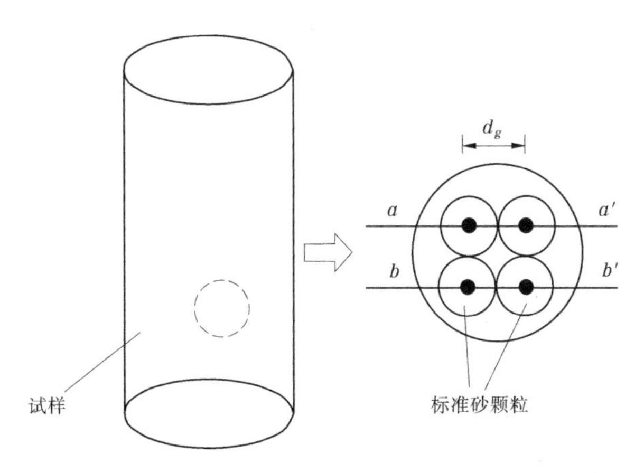

图1.4-2 橡皮膜嵌入范围示意

两个基本假定如下:①橡皮膜本身无抗挠曲刚度;②橡皮膜沿着a—a'和b—b'发生铰接变形,橡皮膜嵌入量等于橡皮膜初始位置和变形后位置间的体积。为了进一步简化问题,假设橡皮膜变形的形状是半径为R的圆弧,T为橡皮膜单位长度的拉力,u为孔隙水压力,2α为圆弧对应的角度。这样,如图1.4-3所示,水平方向的平衡方程为

$$2R(\sigma_3 - u)\sin\alpha = 2T\sin\alpha \tag{1-20}$$

橡皮膜总的嵌入量则为

$$V_m = V_g \frac{\pi D}{d_g}\frac{L}{d_g} = \frac{\alpha - \sin\alpha\cos\alpha}{\sin^2\alpha}\frac{d_g}{D}V_0 \tag{1-21}$$

式中 V_0——试样初始体积;

D、L——试样的直径、高度;

V_g——橡皮膜在图 1. 4-2 中 4 个球体之间的嵌入体积。

最后,基于橡皮膜弹性能与橡皮膜做功相等的原理,推导得到橡皮膜嵌入解析解:

$$\varepsilon_m = 0.125 d_{50} \left(\frac{p d_{50}}{E_m t_m} \right)^{\frac{1}{3}} \tag{1-22}$$

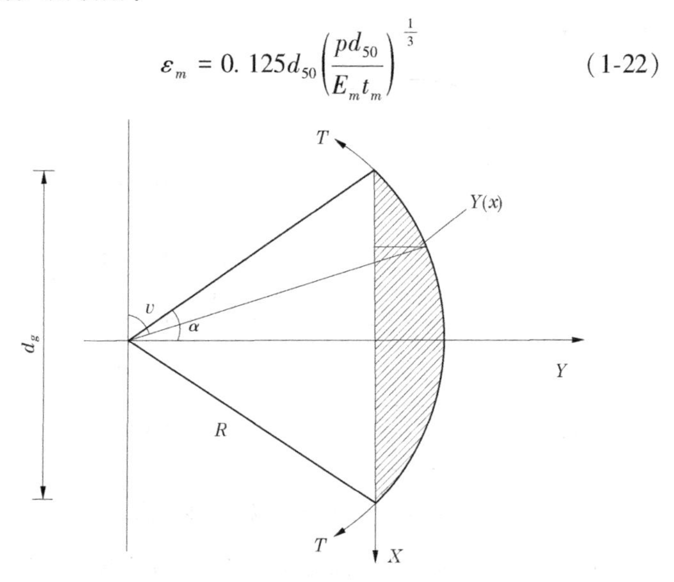

图 1. 4-3　橡皮膜嵌入解析

在认识到 Molenkamp 和 Luger 及 Baldi 和 Nova 在假定橡皮膜变形模式与实际差异较大后,1990 年,Kramer 和 Sivaneswaran[36] 采用如下函数描述橡皮膜嵌入后的变形特性,在三维空间内,该函数表示的曲面也较好地贴合图 1. 4-2 所示的球体单元。

$$\omega(x,y) = \omega_0 \left(1 - \frac{1}{2}\cos\frac{2\pi x}{a} - \frac{1}{2}\cos\frac{2\pi y}{a} \right) \tag{1-23}$$

基于上述变形函数,Kramer 和 Sivaneswaran 通过橡皮膜应变能转化的思想推导出了嵌入量的解析解:

$$\varepsilon_m = 0.231 d_{50}\left(\frac{p d_{50}}{E_m t_m}\right)^{\frac{1}{3}} \tag{1-24}$$

在深入分析橡皮膜变形函数后，Kramer 等[36]又认识到在不同有效净压力下，橡皮膜嵌入程度有所不同，因此在原先的变形函数基础上引入了一个可以调整曲面与球体间贴合程度的系数 α，新的变形函数为式(1-25)，该函数一定程度上正确反映了橡皮膜嵌入均匀排列小球孔隙内的变形模式，为

$$\omega(x,y) = \omega_0\left(1 - \frac{1}{2}\cos\frac{2\pi x}{a} - \frac{1}{2}\cos\frac{2\pi y}{a}\right) - \alpha\omega_0\left(1 - \frac{1}{2}\cos\frac{4\pi x}{a} - \frac{1}{2}\cos\frac{4\pi y}{a}\right) \tag{1-25}$$

其中，$\omega(x,y)$ 为单位面积曲面上任一点 z 方向挠度；ω_0 为膜的平均挠度，挠度最大值为 $\omega_0(2-\alpha)$，α 为经验系数，有效净压力 p 越大，α 越大。

类似地，Kramer 等基于橡皮膜弹性能与有效净压力做功相等的原则，推导出了解析解，为

$$\varepsilon_m = 0.395 d_{50}\left(\frac{1-\alpha}{5 + 64\alpha^2 + 80\alpha^4}\right)^{\frac{1}{3}}\left(\frac{p d_{50}}{E_m t_m}\right)^{\frac{1}{3}} \tag{1-26}$$

其中，α 计算公式为

$$\alpha = 0.15\left(\frac{p d_{50}}{E_m t_m}\right)^{0.34} \tag{1-27}$$

作为上述解析解的拓展，孙益振等[12]利用数字图像测量系统，以非接触测量的方式测得橡皮膜的嵌入量，分析了一定颗粒粒径范围内嵌入量与有效围压 σ_3、平均粒径 d_{50} 之间的关系。并在 Baldi 和 Nova[35]提出的解析解的基础之上，得出了一个能反映嵌入量与各影响因素之间关系的修正公式，即

$$\left.\begin{aligned} V_{\mathrm{m}} &= k\lambda V_0\left(\frac{d_g}{D}\right)^{0.5} \\ \lambda &= \left(\frac{\sigma_3 d_g}{E_m t_m}\right)^{\frac{1}{3}} \end{aligned}\right\} \tag{1-28}$$

式中　k——无量纲的系数；

d_g——试样的特征粒径；

V_0、D——试样的初始体积、试样直径；

E_m、t_m——橡皮膜的弹性模量、厚度。

该模型可以考虑多种因素的影响，但其研究对象为福建标准砂，因此该公式能否适用于粗颗粒土还有待进一步的验证。

从上述研究成果可以看出，对于橡皮膜嵌入的解析计算模型，其核心思想主要是假定土颗粒为均匀的球体，并以解析函数的形式来表述橡皮膜嵌入时的体积变形。但真实的土体颗粒呈现出不规则与不均匀特性，因此一般的解析函数可能无法反映颗粒的真实性状，也就是说，解析函数是一大难点，极大地影响计算结果的可靠性。

1.5　本章小结

本章对国内外橡皮膜嵌入影响的研究进展进行了系统的分析，首先从细观角度分析了橡皮膜嵌入的机制，分析了橡皮膜嵌入对三轴试验结果的影响；其次在总结国内外研究现状的基础上提出了橡皮膜嵌入的影响因素；最后总结归纳了橡皮膜嵌入的试验方法及修正方法。主要结论如下：

(1)橡皮膜在一定围压下会嵌入到试样表层土体中，内部土体的基本物理力学特性(颗粒含量、组构或粒径大小等性质)不会影响到最终嵌入量的大小。

(2)影响橡皮膜嵌入量的主要因素是:有效净压力 p、有效粒径 d_{50}、橡皮膜厚度 t_m、弹性模量 E_m、接触面积 A_m 及初始孔隙比 e。

(3)橡皮膜嵌入试验研究可分为三种方法:降低橡皮膜嵌入影响法;直接测量膜嵌入量法;间接测量膜嵌入量法。

(4)橡皮膜嵌入修正方法可以分为基于试验结果的经验模型和基于理论推导的解析解模型,前者往往只针对某种土,普适性有限;后者需要做一定的假设,可靠性有待验证。

参考文献

[1] 朱俊高, 殷宗泽. 土体本构模型参数的优化确定[J]. 河海大学学报,1996(2):68-73.

[2] 王助贫, 邵龙潭. 三轴试验土样的端部影响问题研究[J]. 岩土力学, 2003, 24(3): 363-368.

[3] 郭爱国, 茜平一. 三轴压缩试验中橡皮膜约束影响的校正[J]. 岩土力学, 2002, 23(4): 442-445.

[4] 王昆耀,常亚屏,陈宁. 粗粒土试样橡皮膜嵌入影响的初步研究[J]. 大坝观测与土工测试,2000(4):45-46,49.

[5] Lade P V, Hernandez S B. Membrane penetration effects in undrained tests [J]. Journal of Geotechnical Engineering, ASCE, 1977, 103: 109-125.

[6] Kickbusch M, Schuppener B. Membrane penetration and its effect on pore pressures[J]. Journal of the Soil Mechanics and Foundations Division, 1977, 103(11): 1267-1279.

[7] Raju V S, Venkataramana K. Undrained triaxial tests to assess liquefaction potential of sands: effect of membrane penetration [C]// Proceedings of the International Symposium on Soils under Cyclic Transientloading, 1980: 483-494.

[8] Bohac J, Feda J. Membrane penetration in triaxial tests[J]. Geotechnical Testing Journal, 1992, 15(3): 288-294.

[9] Ali S R, Pyrah I C, Anderson W F. A novel technique for evaluation of membrane penetration[J]. Geotechnique, 1995, 45(3): 545-548.

[10] Frydman S, Zeitlen J G, Alpan I. The membrane effect in triaxial testing of granular soils[J]. Journal of Testing and Evaluation, 1973, 1(1): 37-41.

[11] Steinbach J. Volume changes due to membrane penetration in triaxial tests on granular materials [D]. Cornell: Cornell University, 1967.

[12] 孙益振, 邵龙潭, 王助贫, 等. 基于数字图像测量系统的砂砾土试样膜嵌入问题研究[J]. 岩石力学与工程学报, 2006(3): 618-622.

[13] Noor M J M, Nyuin J D, Derahman A. A graphical method for membrane penetration in triaxial tests on granular soils[J]. The Institution of Engineers, 2012, 73(1): 23-30.

[14] Kickbusch M, Schuppener B. Membrane penetration and its effect on pore pressures[J]. Journal of the Soil Mechanics and Foundations Division, 1977, 103(11): 1267-1279.

[15] Molenkamp F, Luger H J. Modelling and minimization of membrane penetration effects in tests on granular soils[J]. Geotechnique, 1981, 31(4): 471-486.

[16] Bopp P A, Lade P V. Relative density effects on undrained sand behavior at high pressures[J]. Soils and Foundations, 2005, 45: 15-26.

[17] Kramer S L, Sivaneswaran N. Stress-path-dependent correction for membrane penetration [J]. Journal of Geotechnical

Engineering, ASCE, 1989,115(12): 1787-1804.

[18] Sivathayalan S, Vaid Y P. Truly undrained response of granular soils with no membrane-penetration effects [J]. Canadian Geotechnical Journal ,1998,35:730-739.

[19] Ramana K V,Raju V S. Constant-volume triaxial tests to study the effects of membrane penetration[J]. Geotechnical Testing Journal, 1981,4: 117-122.

[20] Tokimatsu K, Nakamura K A. Liquefaction Test without Membrane Penetration Effects [J]. Soils and Foundations, 1986,26(4):127-138.

[21] Nicholson P G, Seed R B, Anwar H A. Elimination of membrane compliance in undrained triaxial testing II. Mitigation by injection compensation [J]. Canadian Geotechnical Journal, 1993,30(5): 739-746.

[22] Mirra S, Kawamura S. A procedure minimizing membrane penetration effects in undrained traxial test[J]. Soils and Foundations, 1996, 36(4): 119-126.

[23] 潘洪武,王伟,李娜,等. 粗粒料三轴试验橡皮膜嵌入量数值模拟[J]. 水力发电学报,2021,40(8):84-92.

[24] 潘洪武,王伟,张丙印. 基于计算接触力学的粗颗粒土体材料细观性质模拟[J]. 工程力学,2020,37(7):151-158.

[25] Newland P L, Allely B H. Volume changes in drained taixial tests on granular materials[J]. Geotechnique, 1957, 7(1): 17-34.

[26] 张丙印, 吕明治, 高莲士. 粗粒料大型三轴试验中橡皮膜嵌入量对体变的影响及校正[J]. 水利水电技术, 2003(2): 30-33.

[27] Vaid Y P, Negussey D. A Critical Assessment of Membrane

Penetration in the Triaxial Test [J]. Geotechnical Testing Journal, 1984, 7(2): 70-76.

[28] Banerjee N G, Seed H B, Chan C K. Cyclic behavior of dense, coarse grained materials in relation to the seismic stability of dams[R]. Earthquake Engrg Research Center Report, 1979: No. EERC 79-13.

[29] 吉恩跃, 朱俊高, 王青龙,等. 粗颗粒土橡皮膜嵌入试验研究[J]. 岩土工程学报, 2018, 40(2): 346-352.

[30] Roscoe K H. An evaluation of test data for selecting a yield criterion for soils[J]. Laboratory Shear Testing of Soil, ASTM, 1963, STP301: 111-128.

[31] Seed R B, Anwar H. Development of a laboratory technique for correcting results of undrained triaxial shear tests on soils containing coarse particles for effects of membrane compliance [R]. Stanford: Reprint of Stanford University Research report No. SU/GT/86-02, 1987.

[32] Nicholson P G, Seed R B, Anwar H R. Elimination of membrane compliance in undrained triaxial testing [J]. Measurement and evaluation, Canadian Geotechnical Journal, 1993, 30(5): 727-738.

[33] 刘荟达,袁晓铭,王鸾,等. 宽级配砾性土橡皮膜嵌入量计算新方法[J]. 岩石力学与工程学报,2020,39(4):804-816.

[34] Molenkamp F, Luger H J. Modellingand minimization of membrane penetration effects in tests on granular soils [J]. Géotechnique, 1981, 31(4): 471-486.

[35] Baldi G, Nova R. Membrane penetration effects in triaxial testing[J]. Journal of Geotechnical Engineering, 1984, 110 (3): 403-420.

[36] Kramer S L, Sivaneswaran N, Davis R O. Analysis of membrane penetration in triaxial test [J]. Journal of Engineering Mechanics, 1990, 116(4): 773-789.

第 2 章　橡皮膜嵌入试验研究

有针对性的室内试验是较准确获得橡皮膜嵌入量的有效途径之一,本章在国内外已有研究成果的基础上提出了三种室内试验测试粗颗粒土橡皮膜嵌入量的试验新方法,分别是内置铁棒法、多尺度三轴试验法及 K_0 试验法。分别基于三种试验结果深入分析了橡皮膜嵌入量与试验围压、排水量等变量之间的关系,综合三种试验结果,为第 3 章橡皮膜嵌入解析解推导提供了试验数据支撑。

2.1　内置铁棒法

Roscoe 等[1]最先采用内置铜棒法进行砂土三轴试验橡皮膜嵌入量研究,其提出的方法简单实用,但存在以下问题:

(1)当铜棒长度与试样高度一致时,等向固结加载过程中铜棒会限制土体的轴向变形,并且三轴试验的试样帽为刚性,当施加应力时,铜棒上可能会产生应力集中现象,这样土体不再处于等向固结应力状态,这与该方法最核心的假设不符。

(2)对于粗颗粒土而言,试验所得到的排水量与棒直径之间的关系是否为线性关系还有待验证。

针对上述问题,本节改进了上述方法,通过在中型三轴试样中心埋置等高度(低于试样高度)不同直径铁棒的方法进行等向固结试验来研究粗颗粒土橡皮膜嵌入的影响,提出相应推求橡皮膜嵌入量的方法并对嵌入量影响因素进行了系统分析,为研究粗颗粒土橡皮膜嵌入的影响特别是高围压下的橡皮膜嵌入提供了必要的测量和分析方法。

2.1.1　试验方法

本书研究中,三轴试验的试样高度为20 cm,直径为10.1 cm,具体示意如图2.1-1所示。通过在三轴试样中心埋置不同直径铁棒的方法进行等向固结试验来研究粗颗粒土橡皮膜嵌入的影响,其原理如下。

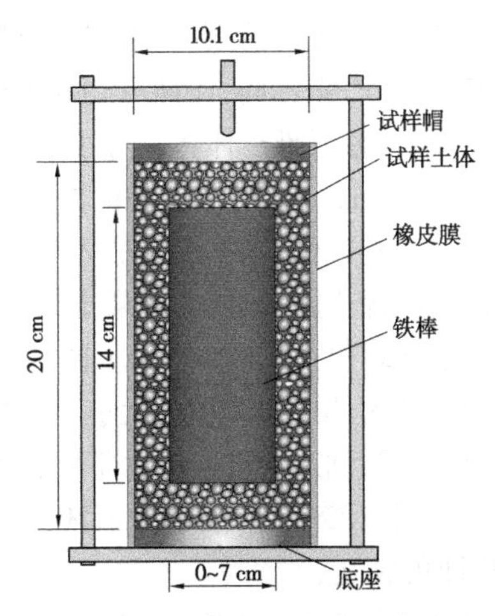

图2.1-1　三轴等向固结试验示意

由图2.1-1可知,本书中的试样是指包含土体及铁棒的圆柱体,其中试样土体体积是指试样的总体积减去铁棒体积。当然,如果铁棒直径为0,意味着试样全部为土体。

上节提到,对于本书所用的三轴等向固结排水试验,在不考虑铁棒体积变形的情况下,排水量应等于试样土体体积变形加上橡皮膜的嵌入量,即

$$\Delta V = \Delta V_s + \Delta V_m \tag{2-1}$$

式中　ΔV——排水量;

ΔV_s——试样土体体积变形;

ΔV_m——橡皮膜嵌入量。

排水量 ΔV 可以直接测得，ΔV_s 和 ΔV_m 的大小不能通过试验直接测得。

理论上，根据式(2-1)，如果试样土体体积趋近于0，则测得的排水量应为膜嵌入量，但实际上试验不能做到土体体积等于0，因此不能直接测得膜嵌入量大小。但是，如果能够假定含不同直径铁棒的试样在相同围压下 ΔV_m 保持不变，此时试样土体体积不同，对应土体体积变形 ΔV_s 则不同，从而可建立不同 ΔV_s 和 ΔV 的关系，通过一定的函数关系反推土体体积等于0时的排水量。

正如图1.4-1所示，可以看出，橡皮膜的嵌入是指在一定侧压力下膜嵌入到表层的土颗粒间，基本不会嵌入到内部土体孔隙中。那么假设在相同规格的橡皮膜、相同的表层土体颗粒大小、颗粒排列和相同的侧压力下，试样内部土体体积不同的试样得到的膜的嵌入量应相同。即试样内部土体体积的大小不影响最终膜嵌入量的大小。也就是说，依据此假设，可认为含不同直径铁棒的试样在相同围压下 ΔV_m 能保持不变。这样，前文所述推求土体体积等于0时排水量的思路即可成立。

基于上述试验原理及假设，本书通过在三轴试样中心埋置等高度不同直径铁棒的方法来改变试样土体体积 ΔV_s。通过等向固结试验，测得各围压下含不同直径铁棒试样的排水量 ΔV。分别建立 ΔV_s 与 ΔV 的关系推得土体体积等于0时各个围压下排水量，即为膜嵌入量。

2.1.2　试验方案

分别对4种方案(不同直径铁棒)的试样进行等向固结试验，即试样中心铁棒直径为0(不放置铁棒)、2.5 cm、4.5 cm、7 cm，铁棒长度均为14 cm。每种方案进行了3个平行试验，共计12个试样，内含不同直径铁棒三轴试样如图2.1-2所示。

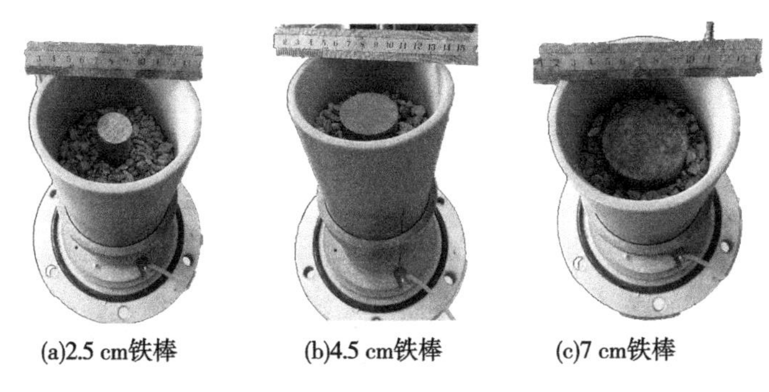

(a)2.5 cm铁棒　(b)4.5 cm铁棒　(c)7 cm铁棒

图 2.1-2　内含不同直径铁棒三轴试样

Roscoe 等[1]在砂土试样中心埋置和试样等高但直径各异的铜棒来研究膜嵌入的影响。其缺点是使用和试样高度相同的铜棒必然会限制试样轴向变形的发展。另外，由于采用刚性试样帽，会使应力集中于铜棒上，使得铜棒四周土体所受的垂直应力小于相应的径向应力，试样不再是等向固结状态，所以是不合理的。试验中，中间埋置的铁棒比试样短，即上下各预留 3 cm 的高度为土体，使试样有一定的压缩空间，减轻了对试样轴向变形的限制。

根据《土工试验方法标准》(GB/T 50123—2019)[2]，装样完成后预先施加 20 kPa 围压进行水头饱和，饱和完成后施加围压到 100 kPa 得到排水量和轴向位移，后逐步增加围压到 2 MPa，每级增量为 100 kPa，得到每一级下的排水量和轴向位移。

2.1.3　试验土料

试验所用土料为某心墙堆石坝堆石料，母岩为花岗岩。由于铁棒的最大直径为 7 cm，试样直径为 10.1 cm，为了尽量减小试样的尺寸效应，取用最大粒径为 10 mm、最小粒径为 0.1 mm 的土料，试验粗颗粒土级配曲线见图 2.1-3。试验土料的 $c_u = 5.4$、$c_c = 3.3$，特征粒径 $d_{30} = 2.67$ mm、$d_{50} = 4.42$ mm、$d_{60} = 5.37$ mm。

为了方便制样，试验选用土料的相对密度较小，试样不是很紧

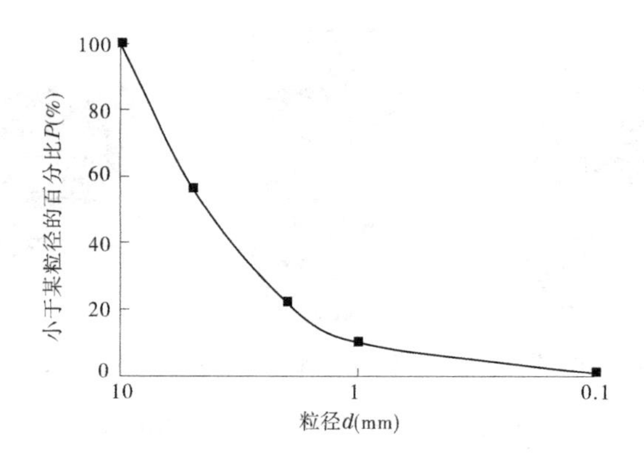

图 2.1-3　试验粗颗粒土级配曲线

密,土料基本参数见表2.1-1。更大的密度需要制作不同规格的制样锤底板,有待后续研究。考虑到高围压下粗颗粒土较砂更易刺破橡皮膜,所用橡皮膜总厚度为 2.2 mm,内层 0.2 mm,外层 2 mm。

表 2.1-1　试验所用土料基本参数

天然孔隙比	初始孔隙比	最大干密度 (g/cm³)	最小干密度 (g/cm³)	试验干密度 (g/cm³)	相对密实度 (%)
0.7	0.53	2.03	1.56	1.76	50

由于下述相关解析解中涉及橡皮膜的弹性模量,因此对橡皮膜进行了拉伸试验,测定其拉伸强度,进而求得所需要的橡皮膜弹性模量 E_m。如图 2.1-4 所示,橡皮膜拉伸试验同样采用第 3 章中的电子万能试验机及其自带的数据采集量测系统。橡皮膜裁剪宽度为 50 mm,长度为 200 mm,两头用土工布夹具夹紧,计算长度则为 100 mm。为了模拟三轴试验时的橡皮膜状态,直接测橡皮膜的湿态强度,将橡皮膜在水中浸泡 1 h 后再进行拉伸试验。本书橡皮膜的厚度采用组合方式,即 2 个 1 mm 和 1 个 0.2 mm 的橡皮膜

组合，假设三层膜协调变形，不考虑膜和膜之间力的作用，拉伸 3 个试样取平均值，橡皮膜拉伸至其长度的 20%为止。

图 2.1-4　橡皮膜拉伸试验

用式(2-2)计算橡皮膜的弹性模量，结果整理于表 2.1-2，本书试验橡皮膜的弹性模量取为 1.608 MPa。需指出，考虑到公式的复杂性，这里忽略了橡皮膜的非线性特点，即取其初始切线模量作为公式计算中的模量，如进行卸载试验的修正，可在橡皮膜拉伸试验时测得其回弹模量 E_{ur} 代替初始切线模量 E_t 进行修正。

表 2.1-2　橡皮膜弹性模量 E_m 结果

橡皮膜种类	拉力增量(N)	橡皮膜伸长量(cm)	弹性模量(MPa)	弹性模量平均值(MPa)
	2.62	1.5	1.589	
2 个 1 mm+1 个 0.2 mm	2.46	1.4	1.595	1.608
	3.24	1.8	1.634	

续表 2.1-2

橡皮膜种类	拉力增量(N)	橡皮膜伸长量(cm)	弹性模量(MPa)	弹性模量平均值(MPa)
2 个 2 mm	3.48	1.6	1.980	1.880
	2.44	1.2	1.850	
	2.99	1.4	1.940	

$$E_m = \frac{\Delta\sigma}{\Delta\varepsilon} = \frac{\frac{\Delta F}{S}}{\frac{\Delta L}{L}} = \frac{\Delta F}{\frac{\Delta L}{L}S} = \frac{\Delta F}{\frac{\Delta L}{L}Ht} \tag{2-2}$$

式中　E_m——橡皮膜弹性模量；

ΔF——拉力增量；

ΔL——橡皮膜的伸长量；

L——橡皮膜的初始长度；

H——橡皮膜的宽度；

t——橡皮膜的厚度。

2.1.4　试验结果与分析

如前所述，装样完成后预先施加 20 kPa 围压进行水头饱和，饱和完成后施加围压到 100 kPa，后逐步增加围压到 2 MPa，每级增量为 100 kPa，每级加载后稳压 10~20 min，数据稳定后记录每一级下试样的排水量和轴向位移。这里需要说明的是，为了尽量降低试样表层土颗粒排列的随机性，减小同一方案嵌入量的误差，各围压下的试验均做了 3 组平行试验，排水量取相应的平均值。

图 2.1-5 给出了内置铁棒直径分别为 0、2.5 cm、4.5 cm 和 7.0 cm 的 4 种试样排水量与围压关系曲线，值得一提的是，由于

试样前期有饱和水头的原因,曲线起点为20 kPa,此时排水量作清零处理。可以看出,4条曲线呈较好的双曲线关系,围压越大,试样的排水量越大,试样最大排水量达到120.1 cm^3,占到试样总体积的7.5%。

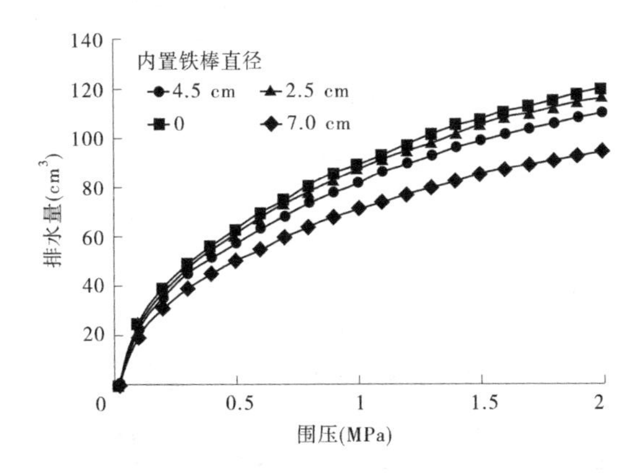

图2.1-5 不同试验方案下围压与排水量关系曲线

前述提到,为得到试样加载过程的橡皮膜嵌入量,需要建立试样土体体积ΔV_s与试样排水量ΔV的关系。为此,图2.1-6绘制了内置不同直径铁棒试样的围压从0.1 MPa到2 MPa变化过程中排水量和试样土体体积之间的关系曲线。另外,由于每级围压增量为100 kPa,共计20条曲线,较密集,不易区分,因此将20条曲线按间隔分为2张图来制作,如图2.1-6(a)和图2.1-6(b)所示。

从图2.1-6可以看出,试样排水量和土体体积的线性关系较为显著,相关系数R^2最低的也有0.989。如图2.1-6中虚线所示,根据前述提到的试验原理,对各围压下的试验点进行线性拟合可反推得到土体体积等于0时(各曲线与Y轴交点,如图2.1-6中圆圈点所示)的排水量,即为各个围压下的膜嵌入量。

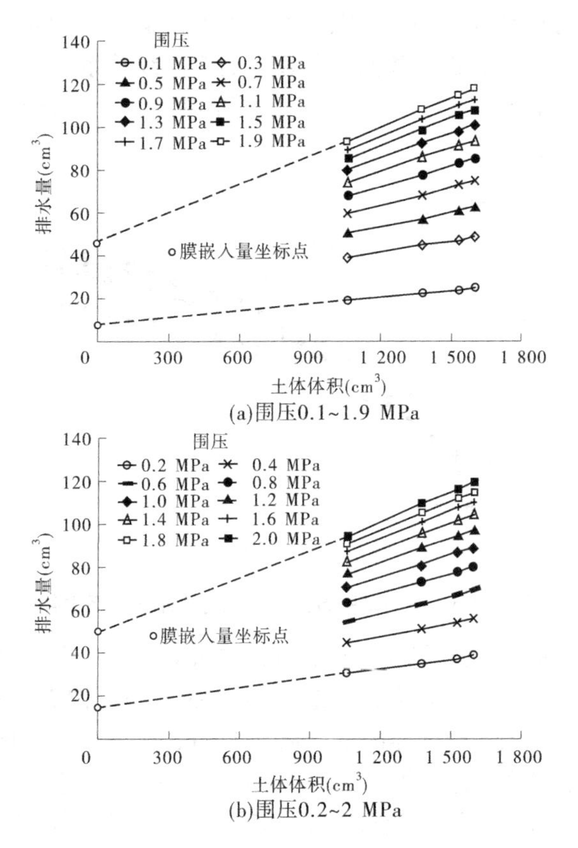

图 2.1-6　土体体积与排水量关系曲线

Roscoe 等[1]在研究橡皮膜对砂土嵌入的试验中得出试样排水量和埋置在试样中的铜棒直径是线性关系的结论。为了验证此关系,图 2.1-7 给出了本章试验中某 4 个围压下试样排水量和内置铁棒直径的关系曲线,可以看出两者关系并不完全是线性的,当围压增大到某一值,曲线由线性变为非线性,围压较大时的曲线非线性更明显。作者认为由于 Roscoe 等的试验仅是在围压 35~600

kPa,在较低的围压(≤0.3 MPa)下,线性关系较为理想,而本试验围压最大达到 2 MPa,两者非线性关系较明显。因此,其试验结论可能仅适用于低围压,高围压下需进一步研究。

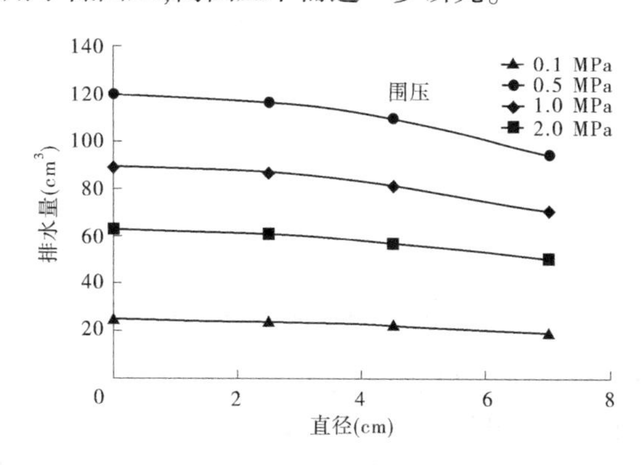

图 2.1-7　铁棒直径与排水量关系曲线

应用曲线线性反推的方法,可方便得到各围压下试样的橡皮膜嵌入量,表 2.1-3 给出了排水量和膜嵌入量以及嵌入量占排水量百分比的具体数值大小。可以看出,随着围压的增大,嵌入量逐渐增大,且试验初期,嵌入量增加很快,大约 0.8 MPa 后,嵌入量的增速显著变缓。从试验的全过程来看,嵌入量占实时排水量的比例可达到 31.0%~40.7%,张丙印等[3]在其研究中也提到膜嵌入量占排水量为 30%~50%。如果不对排水量进行修正,试样体积变形会出现非常大的误差。

表 2.1-3　各试验围压下膜嵌入量大小

围压 (MPa)	排水量 (cm^3)	嵌入量 (cm^3)	嵌入量占比 (%)
0.1	25.2	7.8	31.0
0.2	39.2	15.0	38.3
0.4	56.3	22.9	40.7

续表 2.1-3

围压 (MPa)	排水量 (cm^3)	嵌入量 (cm^3)	嵌入占比 (%)
0.6	69.5	27.6	39.7
0.8	80.9	31.3	38.7
1.0	89.5	34.4	38.4
1.2	97.6	37.0	37.9
1.6	110.6	41.8	37.8
2.0	120.1	45.0	37.5

前述提到,目前对粗颗粒土橡皮膜的修正大多是采用 Newland 和 Allely[4] 提出的方法和张丙印等[3] 拓展的方法。大致的方法是,针对不同的密度做多组等向固结试验,取平均值,假定试样是各向同性的,得到嵌入体变为总体变减去 3 倍轴变:

$$\varepsilon_{V_m} = \varepsilon_V - 3\varepsilon_a \tag{2-3}$$

式中　ε_{V_m}——橡皮膜嵌入体变;

ε_V——试样总体变;

ε_a——试样轴向应变。

上述方法认为嵌入量只与围压有关,不同应力路径下的嵌入量大致相同,再假定嵌入量与围压为双曲线关系,拟合得到嵌入量与围压关系进行体变修正。此方法简单易实现,不需要额外烦琐的试验方法,但是由于粗颗粒土在一定应力条件下各向异性性质显著[5-6],假设试样为各向同性会带来一定的误差。另外,其后的修正方法要假定嵌入量只与围压有关,而大量研究表明影响嵌入量的主要因素是初始孔隙比 e_0、有效侧压力 σ_3、特征粒径 d_g(大多采用平均粒径 d_{50} 来代替特征粒径 d_g)、橡皮膜厚度 t_m、膜弹性模量 E_m。

为了对比本书试验方法与 Newland 和 Allely[4] 所提出方法求

得的膜嵌入体变的差异,图 2.1-8 给出了本书试验方法求得的膜嵌入体变 $\varepsilon_{V_m}=\Delta V_m/V_0$ 与式(2-3)求得的膜嵌入体变的对比曲线示意。其中,ΔV_m 为表 2.1-3 中所列出的嵌入量,V_0 为试样初始体积。

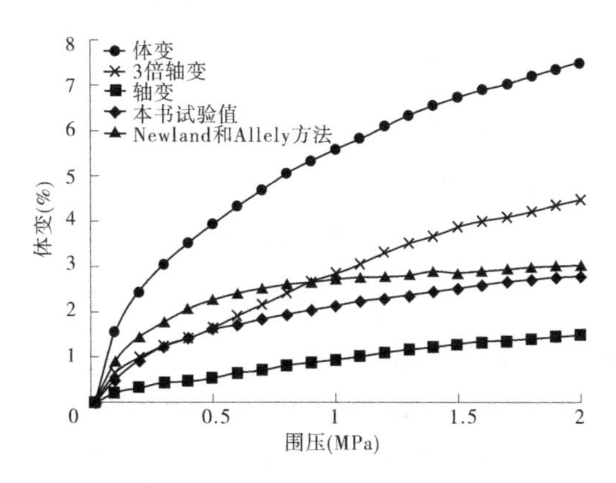

图 2.1-8　试验围压与膜嵌入体变关系曲线

总体来看,式(2-3)求得的膜嵌入体变要大于本书试验得到的膜嵌入体变,特别是围压较小时。作者认为,由于粗颗粒土的各向异性,试样的轴向刚度要大于径向刚度,则径向应变就大于轴向应变,导致式(2-3)得到的结果偏大。如图 2.1-8 所示,两者最大差异可达到 0.72%的体变,有 11.5 cm^3。但是,随着围压的增大,其差异慢慢减小,到 2 MPa 时,差异仅仅有 0.22%的体变,即 3.5 cm^3,而且曲线还有减小的趋势,预计围压再增大,其差异可能会进一步减小。原因是:高应力状态下,粗颗粒土较为接近各向同性,则在高压下式(2-3)求得的膜嵌入体变与本书试验值差异较小。

为了进一步阐述膜嵌入对试验结果的影响及不同围压下粗颗粒土各向异性的变化规律,整理了等向固结试验体变修正前后轴向应变与体变关系曲线,如图 2.1-9 所示,其中修正后的体变是指用总体变减去膜嵌入的体变。

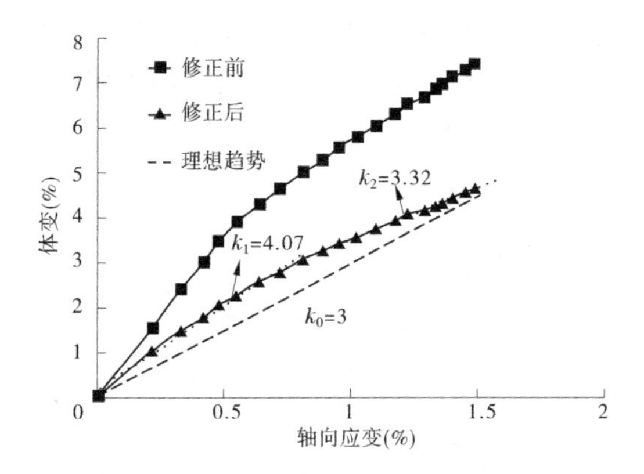

图 2.1-9　修正前后轴向应变与体变曲线

可以看出,修正前后的差异比较大,修正前,曲线斜率最大,达到 7.8,不太符合实际情况,暂且不讨论。总体看,修正后曲线斜率是随着围压逐渐减小的(4.93~3.15),大致可分为两个阶段:第一阶段在约 0.9 MPa 之前,平均斜率 k_1 可达 4.07,第二阶段在约 0.9 MPa 之后,平均斜率 k_2 为 3.32。在围压达到 2 MPa 时,斜率降低到 3.15,而理论上来讲,轴向应变与体变曲线的斜率 k_0 应等于 3(忽略橡皮膜嵌入和试样各向异性的影响),也就说明围压在 2 MPa 时试样已经非常接近于各向同性了。

依据上述分析并结合图 2.1-9 可以得出:对于本书所研究的粗颗粒土,围压大于 2 MPa 后若采用前述假设试样为各向同性的修正方法[式(2-3)],误差可能并不大,而围压小于 0.9 MPa,用此方法则会产生较大的误差。埋置铁棒的方法尽管比较烦琐,但是没有依赖性的假设,试验结果相对而言更接近真实值。

2.1.5　解析解验证

2.1.1 中介绍的各种试验的方法虽能一定程度上减小或者直接测得橡皮膜嵌入,但是必须要指定的试验仪器或试验方法。从普遍应用的角度来看,为了能方便地对常规试验进行橡皮膜嵌入修正,在保证一定精度的前提下,研究解析解不失为一种有效的途径。

影响膜嵌入的因素较多,第1章中也提到过起决定性的因素有有效侧压力、平均粒径、膜厚度、膜弹性模量,诸如相对密度(针对砂)、颗粒形状、颗粒强度的影响很小[7-8]。现有的解析解也都是依据这4个影响因素推导得到,几种广泛应用的解析解如下。

Molenkamp 和 Luger[9]:

$$\varepsilon_m = 0.16 d_g \left(\frac{p d_g}{E_m t_m} \right)^{\frac{1}{3}} \tag{2-4}$$

Baldi 和 Nova[10]:

$$\varepsilon_m = 0.125 d_g \left(\frac{p d_g}{E_m t_m} \right)^{\frac{1}{3}} \tag{2-5}$$

Kramer 和 Sivaneswaran[11]:

$$\varepsilon_m = 0.231 d_g \left(\frac{p d_g}{E_m t_m} \right)^{\frac{1}{3}} \tag{2-6}$$

Kramer 等[12]:

$$\varepsilon_m = 0.395 d_g \left(\frac{1 - \alpha}{5 + 64\alpha^2 + 80\alpha^4} \right)^{\frac{1}{3}} \left(\frac{p d_g}{E_m t_m} \right)^{\frac{1}{3}}$$

$$\alpha = 0.15 \left(\frac{p d_g}{E_m t_m} \right)^{0.34} \tag{2-7}$$

式中　ε_m——膜单位面积嵌入量;

d_g——特征粒径,上述公式均用平均粒径 d_{50} 来代替[13];

p——分布在橡皮膜表面的净压力;

t_m——橡皮膜厚度;

E_m——橡皮膜弹性模量;

α——根据橡皮膜变形程度确定的一个经验系数。

式(2-5)~式(2-7)具体的推导过程比较相似,即假设不同的变形模式,基于描述橡皮膜变形性状的解析方程,用橡皮膜储存的应变能等于外力做功联立求得膜单位嵌入量。式(2-4)是基于板壳理论中四点支撑的均质厚度板受均布压力的大挠度计算方法[14]推得。尽管所用变形模式都不同,推导方法也各异,可以看出上述解析解形式完全相同,可以归纳为下式:

$$\varepsilon_m = \eta d_g \left(\frac{p d_{50}}{E_m t_m} \right)^{\frac{1}{3}} \tag{2-8}$$

这样,上述解析解也就是系数 η 值的大小不同,图 2.1-10 给出了前述列出的 4 种解析解与本书试验得出嵌入量的对比关系曲线。总体来看,Molenkamp 和 Luger 的解和试验值更为接近,特别是试验围压低于 0.8 MPa。但随着试验围压的增大,其解析解慢慢偏离试验值,到 2 MPa 时两者膜嵌入量相差了 2.85 cm^3,占总嵌入量的 6.3%。

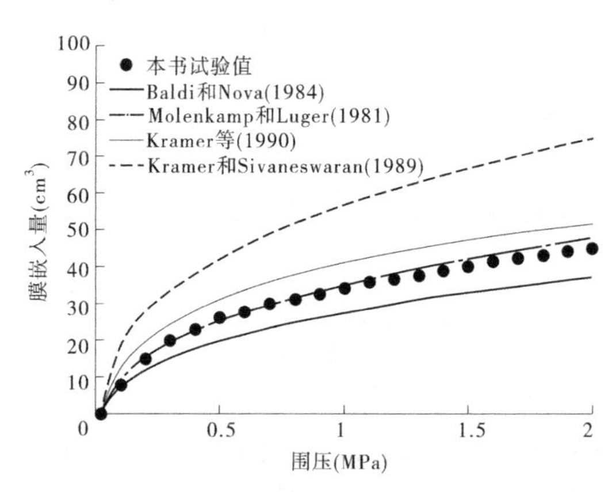

图 2.1-10　解析解与本文试验值对比关系曲线

Ali 等[15]利用水泥将砂土试样胶结起来,假设胶结试样本身不产生体积变形,测得的排水量即为嵌入量。试验围压从 35 kPa 增加到 235 kPa 后再降至 35 kPa。图 2.1-11 给出了其试验结果与上述 4 种解析解对比关系曲线。可以看出,Molenkamp 和 Luger 的解和其试验值较为接近。但约 180 kPa 后,解析解逐渐偏离试验值。

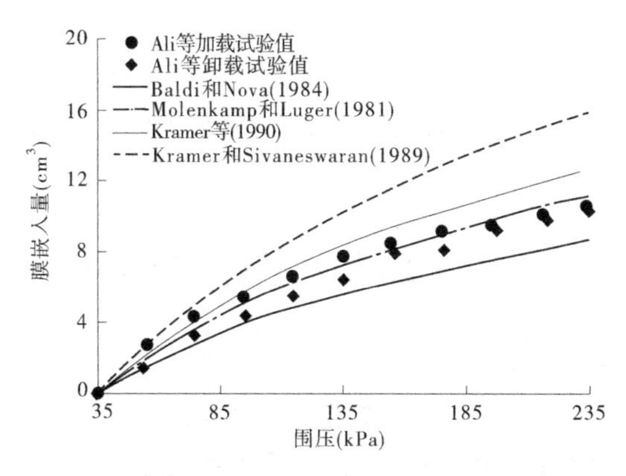

图 2.1-11　解析解与 Ali 等[15]试验值对比关系曲线

作者认为,达到一定围压时,Molenkamp 和 Luger 的解与试验结果产生差异的原因主要是试验过程中颗粒的重新排列和颗粒破碎。围压达到一定值后,表层颗粒势必会发生错动,部分细颗粒会充填到较粗颗粒的孔隙中。解析解没有考虑这个因素,则一定围压后其计算值会偏大。另外,随着围压增大,破碎量会显著增加[16]。颗粒破碎发生时,细粒增加,其表层土颗粒特征粒径会减小。根据式(2-4),d_{50} 和 ε_m 是三次方比例增加的关系,这样按照 d_{50} 不变计算得到的解析解结果就会大于试验值。因此,Molenkamp 和 Luger 的解析解还需进一步修正。

对于粗颗粒土的橡皮膜嵌入解析解,后续的研究需考虑颗粒破碎等因素的影响。但由于本试验没有筛分试验完成后的土料,无法给出定量的数值来确定破碎率和围压的关系来修正 η 值。

另外,有学者指出,粗颗粒土的膜嵌入量随着相对密度的增大而减小[17]。本书的相对密度只有 50%,更大密度的试样制备相对较难,需要不同规格的制样器,因此不同密度下的膜嵌入试验有待进一步开展。

综上所述,尽管解析解的建立和推导需要基于部分假设,要推导出包含所有影响因素的解析解比较困难。但是,结合相关试验来修正解析解也是一种途径。针对粗颗粒土,为了修正解析解,即式(2-8),需要进行更多的试验来建立颗粒破碎率和相对密度与 η 值的关系。

2.2 多尺度三轴试验法

上节介绍了采用在三轴试样内部放置铁棒的方法来测量橡皮膜嵌入量,该方法证实了橡皮膜嵌入量与试样土体体积之间存在一定的线性关系,但该方法存在以下不足之处:①制样较为烦琐,为保证试验有效性,需要将铁棒准确放置于试样中间;②随着铁棒直径的增加,由于土与刚性体之间的接触效应,试样内部土体应力状态处于不均匀状态;③难以制得高密度的试样,特别是铁棒与橡皮膜之间的土体,无法进行有效击实。

基于上述考虑,本节介绍了一种多尺度三轴试验新方法,其核心原理与上节的内置铁棒法相同,但不需要在试样内埋置铁棒,因此试验操作简单实用。

2.2.1 基本原理

对于三轴固结排水试验,实测粗粒土的体积变形包含两部分:土骨架的体积变化和橡皮膜嵌入引起的体积变化(见图 2.2-1),即

$$\Delta V(p)=\Delta V_s(p)+\Delta V_m(p) \tag{2-9}$$

式中 p——围压;

$\Delta V(p)$——特定围压下的总排水量；

$\Delta V_s(p)$——特定围压下试样的体变量；

$\Delta V_m(p)$——特定围压下橡皮膜的嵌入量。

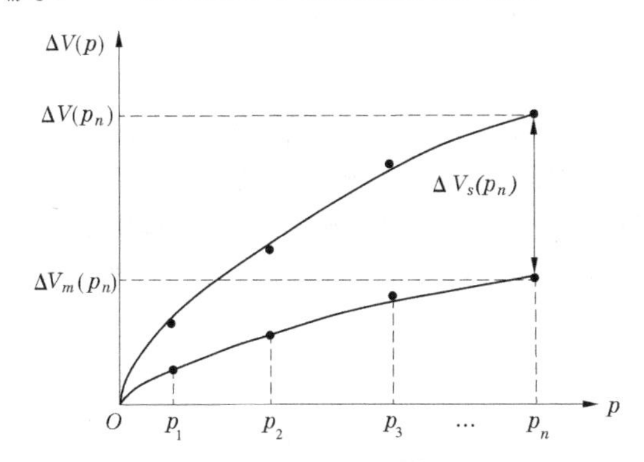

图 2.2-1　围压与总排水量关系示意

由于试样土体的体积变化量为

$$\Delta V_s(p) = \Delta \varepsilon_s(p) V_0 \tag{2-10}$$

橡皮膜的嵌入量为

$$\Delta V_m(p) = \Delta \varepsilon_m(p) A_m \tag{2-11}$$

式中　V_0——试样的初始体积；

$\Delta \varepsilon_s(p)$、$\Delta \varepsilon_m(p)$——在特定围压下的土体体积应变和橡皮膜单位面积嵌入量；

A_m——试样的表面积，也等于橡皮膜面积。

此时，式(2-9)则可表述为

$$\Delta V(p) = \Delta \varepsilon_V(p) \times \frac{1}{4}\pi D^2 \times h + \Delta \varepsilon_m(p) \pi D \times h \tag{2-12}$$

将式(2-2)进行变换后得到

$$\frac{1}{4}\Delta \varepsilon_V(p) \times D + \Delta \varepsilon_m(p) = \frac{\Delta V(p)}{\pi D h} \tag{2-13}$$

式中　D——试样直径；

h——试样高度。

可以看出,当 $D=0$ 时,可根据排水量求出 $\Delta\varepsilon_m(p)$,但试验无法做到 $D=0$ 的情形,因此可以建立 $\dfrac{\Delta V(p)}{\pi Dh}$—$D$ 的关系反推求出 $\Delta\varepsilon_m(p)$。

由式(2-11),给出了理论推导橡皮膜嵌入量的方法示意(见图 2.2-2),以试样排水量与其侧向表面积的比值 $\Delta V(p)/\pi Dh$ 为纵坐标,试样直径 D 为横坐标,则可得到试样排水量与其直径的关系。显然,图 2.2-2 中纵坐标的截距 $\Delta\varepsilon_m(p)$ 即为橡皮膜单位面积嵌入量。

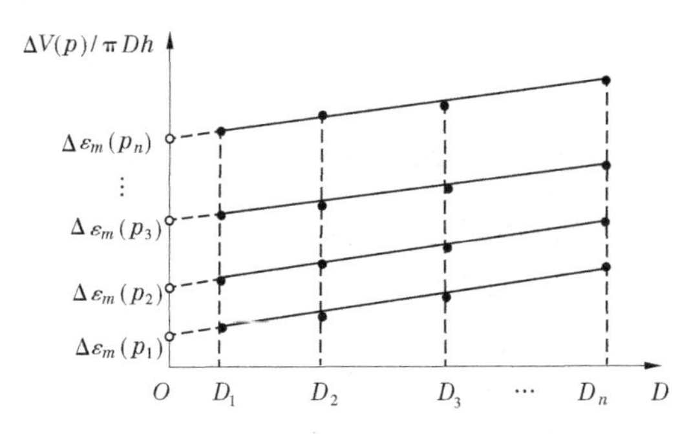

图 2.2-2 橡皮膜单位面积嵌入量与试样直径关系示意

2.2.2 试验方案

为验证上述原理的正确性,需进行不同直径三轴试验(简称为多尺度三轴试验)。为此,在南京水利科学研究院某大型三轴试验仪上设计并改造了一套多尺度底盘装置(见图 2.2-3)。该装置以三轴试验仪 300 mm 直径试样尺寸为基础,考虑上部加压杆的可伸缩长度,根据试验需要加装不同高度的底座[见图 2.2-3(a)],每层底盘间配有密封圈。不同底座可通过螺栓进行连接,连接螺栓错位分布以解决螺栓孔间的相互影响[见图 2.2-3(c)]。

此外，该装置配有不同尺寸的试样帽，对应于不同直径的试样，试样帽侧方开有排水孔。上述试验装置可在同一套测量系统上进行 100 mm、150 mm、200 mm、250 mm、300 mm 直径试样的常规三轴试验，有效消除了因不同试验仪器的系统误差对试验结果的影响。

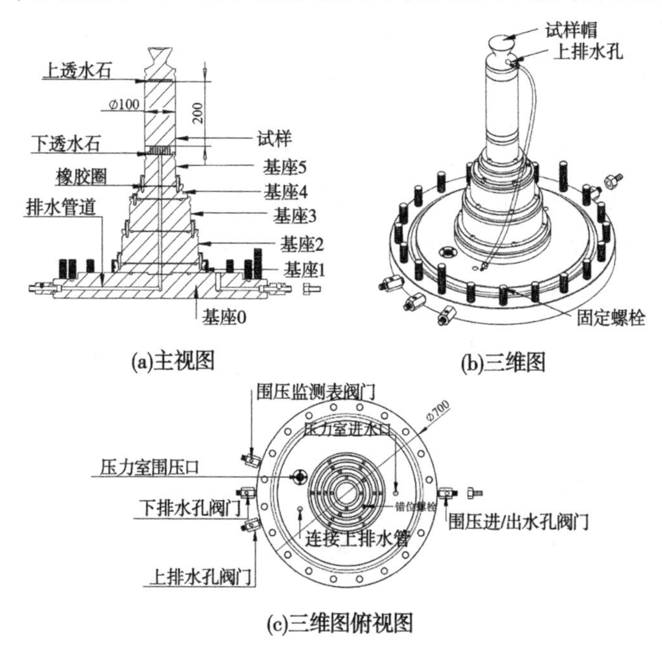

图 2.2-3　三轴试验仪器底盘装置

2.2.3　试验土料

堆石料因棱角分明，浑圆度差，从 2.1 节铁棒法的试验结果也发现在高应力状态下堆石料会产生颗粒破碎现象，给嵌入量的计算带来较大误差，而这种问题难以解决且不能被忽略。砂砾石料与堆石料不同，椭圆状使得其产生的破碎量较小，高应力状态下，在进行橡皮膜嵌入量试验时可以忽略颗粒破碎产生的影响。

基于上述考虑，本书试验采用了两种粗粒土，分别为破碎堆石料和原级配砂砾石料。

2.2.3.1　堆石料

试验所用堆石料为某堆石坝堆石料破碎所得,粒径分为:小于0.5 mm、0.5~1 mm、1~2 mm、2~5 mm、5~10 mm 五组,级配曲线与材料其他基本参数分别见图 2.2-4 和表 2.2-1。三轴试验试样直径分别设置为 100 mm、150 mm、200 mm、250 mm、300 mm,每组做 3 个平行试验,共计 15 组试样。橡皮膜厚度为 2.2 mm(内层 0.2 mm、外层 2 mm),相应的橡皮膜弹性模量 E_m = 1.608 MPa[18]。根据前人研究结果[3],在初始等向固结条件下,采用分级加载的方法(围压为 100 kPa、200 kPa、400 kPa、600 kPa)测量不同围压下试样的排水量。

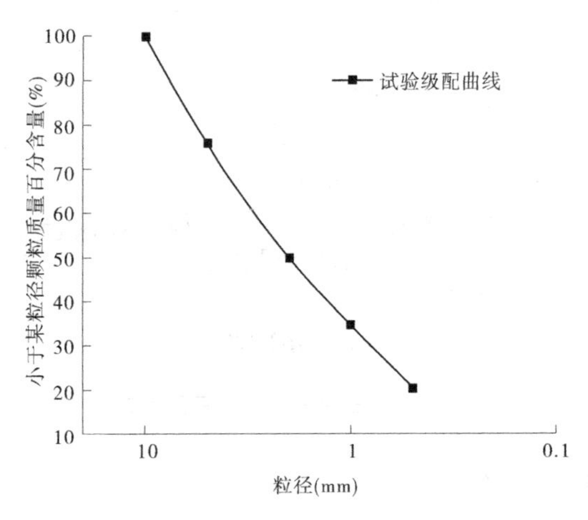

图 2.2-4　试验级配曲线

表 2.2-1　材料基本参数

材料	比重 G	孔隙比 e	干密度 ρ_d (g/cm³)	平均粒径 d_g (mm)
堆石料	2.70	0.59	1.70	2

2.2.3.2　砂砾石料

砂砾石料的实景和级配曲线如图 2.2-5 和图 2.2-6 所示，材料基本参数见表 2.2-2，采用的两种不同粒径分别是：小于 0.5 mm、0.5～1 mm、1～2 mm、2～5 mm、5～10 mm 和小于 1 mm、1～2 mm、2～5 mm、5～10 mm、10～20 mm，橡皮膜材质和厚度与堆石料所用相同。采用分级加载的方法，等向固结试验所采用的围压分别为 100 kPa、200 kPa、300 kPa、400 kPa、600 kPa、800 kPa、1 000 kPa、1 200 kPa，直径分别为 100 mm、200 mm、300 mm，基本成样方法和加载过程与上述堆石料情况相同。类似地，在围压加载过程中，始终保证围压加载到某一个预定值后保持一段时间的围压稳定且并无变化，再进行下一级围压的加载。

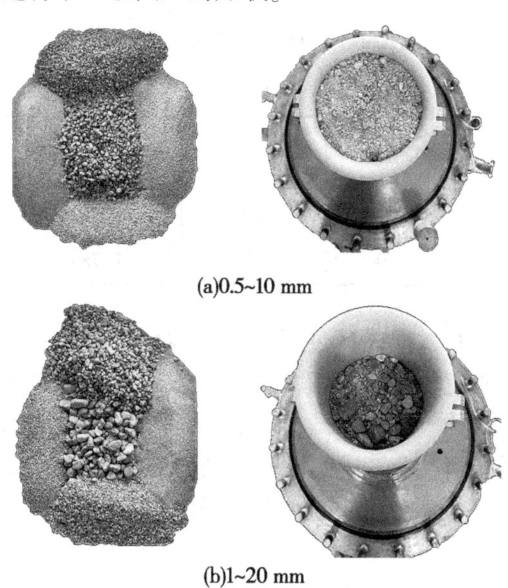

(a)0.5~10 mm

(b)1~20 mm

图 2.2-5　砂砾石料级配及装样实景

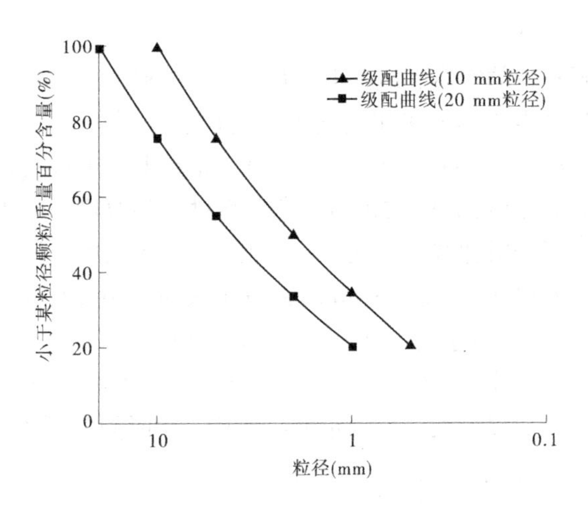

图 2.2-6　砂砾石料试验级配曲线

表 2.2-2　砂砾石料基本参数

材料	比重 G	孔隙比 e	干密度 ρ_d (g/cm^3)	平均粒径 d_g (mm)
砂砾石料	2.69	0.51	1.78	2.00
	2.69	0.51	1.78	4.28

在砂砾石料试样成样过程中发现：对于 300 mm 直径的试样砂砾石料在密度较小时，拆除成模筒后试样容易坍塌，因此提高试样的密度后边抽气边进行试样填装，可使得试样始终保持直立且不会出现坍塌情况。考虑到砂砾石料的黏聚力较小，为了较好地反映砂砾石料嵌入量效果，经尝试最终拟定试样初始干密度为 1.78 g/cm^3。

2.2.4　制样及加载过程

如图 2.2-7 所示，每个试样分 5 层进行装样，装填完成后对试样进行抽真空,使得试样保持直立,抽真空后将试样帽紧密套好。连接好上下排水管,套上压力室,对试样压力室进行充水,待压力室上部出水口有持续水流出一段时间后关闭该出水口阀门,并开始对试样进行饱和,饱和水头 2 m,待饱和完成后,对试样加载 20 kPa 围压,以保证橡皮膜贴紧试样壁同时清零排水量。

(a)100 mm 直径　(b)150 mm直径　(c)200 mm直径

(d)250 mm直径　(e)300 mm直径　(f)压力室

图 2. 2-7　试验成样过程

制样完成后,对试样进行分级加载并记录不同围压下的试样排水量。严格控制加载速率,防止加载过快引起孔压上升过快来不及消散而引起不必要的测量误差。此外,考虑加载时间过长带来的流变量影响,确定每加载到预定值稳定且排水量无较大变化后,即可进行下一级围压的加载。如图 2. 2-8 所示为微机操作界面,当最后一级围压稳定并持续一段时间后进行拆样,并进行下一个直径试样的试验,本次稳定时间均为 10 min。

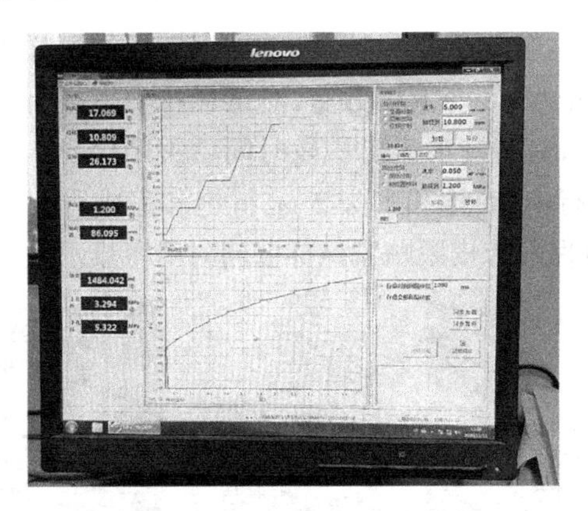

图 2.2-8　微机操作界面

2.2.5　试验结果与分析

2.2.5.1　堆石料试验结果分析

试验得到的不同试样直径下排水量与围压关系曲线见图 2.2-9。可以看出,随着围压的增加,试样的排水量增大,大体呈幂函数关系,且试样直径越大,总排水量越大。上述规律与 2.1 节中铁棒法试验得到的规律相似。

图 2.2-10 为不同围压下排水量与试样直径关系曲线。可以看出,试样直径越大,试样总排水量越大,两者呈非线性递增关系。原因是,试样直径增大后,试样土体体积变大,则土体体积变形增大。另外,试样直径增大后,橡皮膜表面积增大,则嵌入量也随之增大。与图 2.1-7 类似,试样直径与总排水量之间不呈线性关系,因此无法由此推求橡皮膜嵌入量大小。

图 2.2-11 为试验得到的橡皮膜单位面积排水量[定义为排水量与其侧向表面积的比值 $\Delta V(p)/A_m$]与试样直径关系曲线。可以清楚地看出,随着围压的增加,试样单位面积排水量增大。从图 2.2-11 可以看出,试样单位面积排水量和土体体积的线性关系

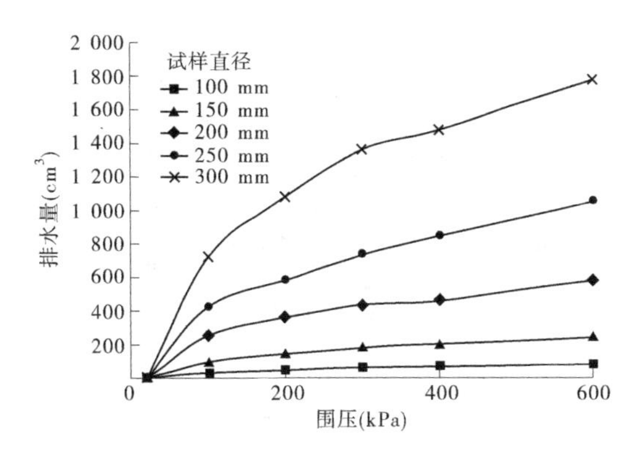

图 2.2-9 不同试样直径下排水量与围压关系曲线

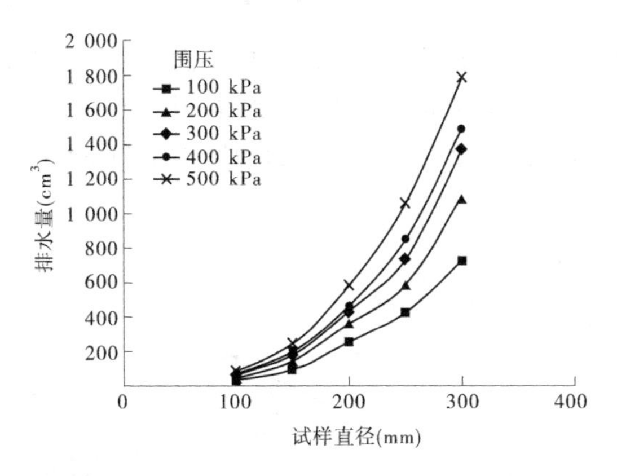

图 2.2-10 不同围压下排水量与试样直径关系曲线

较为显著,相关系数 R^2 最低的也有 0.973。如图 2.2-11 中虚线所示,根据 2.2.1 中提到的试验原理,对各围压下的试验点进行线性拟合可反推得到试样直径等于 0 时(各曲线与 Y 轴交点,图中圆圈点所示)的排水量,即为各个围压下的膜单位面积嵌入量。

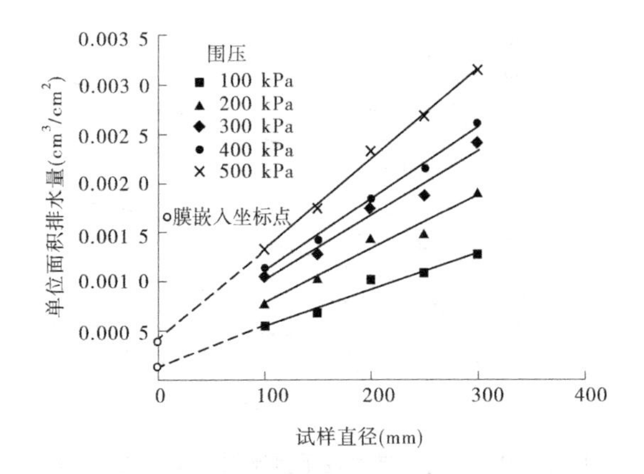

图 2.2-11　橡皮膜单位面积排水量与试样直径关系曲线

由图 2.2-11 推求得到的橡皮膜单位面积嵌入量与围压的关系如图 2.2-12 所示,同样可以看出,随着围压的增加,橡皮膜的单位嵌入量逐渐增大,橡皮膜的单位面积嵌入量与试样围压大体呈幂函数关系。

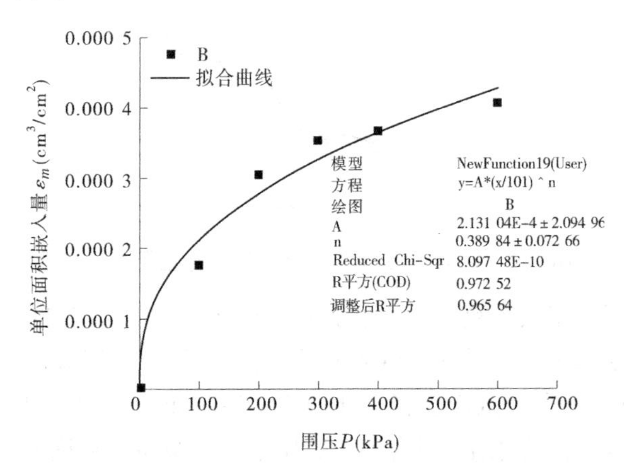

图 2.2-12　单位面积嵌入量与围压拟合曲线

经过拟合橡皮膜的单位嵌入量与围压关系试验结果,可得到一个关于橡皮膜单位面积嵌入量与围压关系的经验公式:

$$\varepsilon_m(p) = \varepsilon_0\left(\frac{p}{p_a}\right)^n \tag{2-14}$$

式中　p_a——标准大气压力值;

ε_0——一个标准大气压力时的橡皮膜嵌入量。

针对本节研究的堆石料,利用该经验公式可计算得到不同围压下橡皮膜的单位嵌入量。

表 2.2-3 给出了根据橡皮膜的单位嵌入量计算得到的不同试样直径在不同围压下,橡皮膜的嵌入体积占总排水体积的百分比。由表 2.2-3 可以看出,试样直径变化对橡皮膜的嵌入体积百分比具有显著影响,相同围压下,随着试样直径的增加,橡皮膜的嵌入量减小;试样直径相同,围压变化对橡皮膜的嵌入体积百分比有一定影响,但明显小于试样直径变化的影响,且随着试样直径的增大,影响逐渐降低,围压变化对直径 300 mm 试样的嵌入体积百分比的影响最小,在 200 kPa 时不同直径试样的嵌入量占比出现突变现象,这是因为试样初始围压为 100 kPa,试样仍处于疏松状态,在 200 kPa 时,试样内部颗粒间因挤压产生变化,此时试样的体变有一个瞬时增大的过程,而产生突变现象,随着围压的增加,试样体积变化逐渐平缓,对总体变化规律影响较小。因此,建议堆石料的强度变形试验,应尽可能采用较大直径的试样进行,以降低橡皮膜嵌入量对其试验结果的影响。

表 2.2-3　不同直径与不同围压下橡皮膜嵌入量占比　(%)

堆石料	直径(mm)				
围压(kPa)	100	150	200	250	300
100	32.1	25.6	17.2	16.1	13.7
200	39.4	29.4	21.1	20.5	15.9
300	33.5	27.4	20.3	18.8	14.6

续表 2.2-3 (%)

堆石料 围压(kPa)	直径(mm)				
	100	150	200	250	300
400	32.1	25.6	19.8	17.0	14.0
600	30.8	23.3	17.5	15.1	13.0

2.2.5.2 砂砾石料试验结果分析

图 2.2-13(a)和(b)给出了不同粒径砂砾石料试样等向固结试验排水量与围压关系曲线。与堆石料的试验结果类似,随着试样直径的增加,排水量显著增大,二者同样近似呈双曲线关系;相同直径的试样在同样的围压下,颗粒粒径越大,排水量越大。原因是本试验所取试样干密度相同,不同的是颗粒平均粒径,而平均粒径越大,试样表面孔隙越大。砂砾石料多呈椭圆状,因颗粒间咬合力较小,在一定围压下,橡皮膜多嵌入到大颗粒孔隙内,并且试样内颗粒间相对位置也会发生调整,排水量随之增大。这样,相同试样直径下,平均粒径较大的试样土体体积变形和橡皮膜嵌入量均较大,因此平均粒径较大的试样总排水量将大于平均粒径较小的试样。

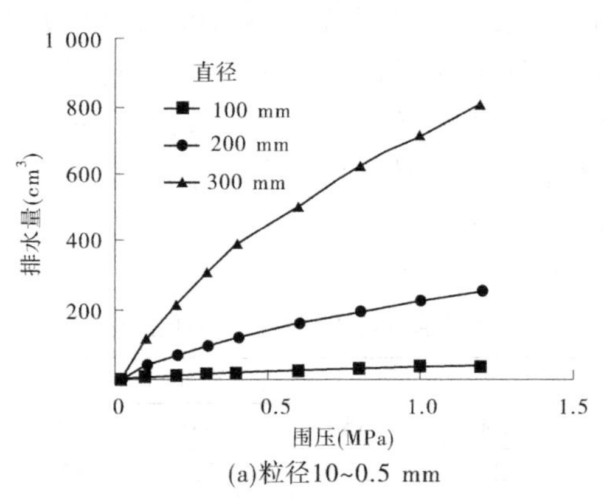

(a)粒径10~0.5 mm

图 2.2-13 试样排水量与围压关系曲线

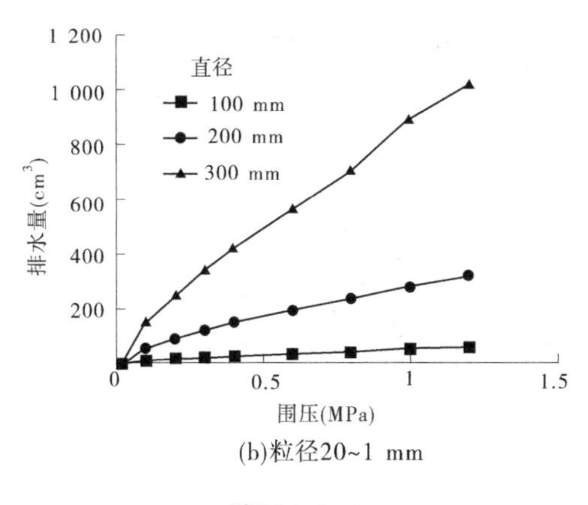

(b)粒径20~1 mm

续图 2. 2-13

图 2. 2-14 给出了两组不同粒径砂砾石料在不同围压下单位面积嵌入量[定义为排水量与其侧向表面积的比值 $\Delta V(P)/A_m$]与试样直径的关系曲线。与堆石料试验结果相似，试样单位面积排水量和土体体积的线性关系较为显著，相关系数 R^2 最低的也有 0. 961。如图 2. 2-14 中虚线所示，根据 2. 2. 1 中提到的试验原理，对各围压下的试验点进行线性拟合可反推得到试样直径等于 0 时(各曲线与 Y 轴交点，图中圆圈点所示)的排水量，即为各个围压下的膜单位面积嵌入量。

随着试样直径的增加，相同围压下单位面积嵌入量呈显著增大趋势。主要原因是：试样直径的增加，橡皮膜与试样接触面积增大，则相同围压下橡皮膜嵌入试样表面孔隙中的体积增大。

表 2. 2-4 给出了不同围压、不同直径以及不同粒径下砂砾石料橡皮膜嵌入量占总排水量的比例。可以看出，在较低围压下砂砾石料的嵌入量占比较大，原因是：试验初始阶段，试样受围压作用产生的变形较大，嵌入量占总排水体积比例较大；随着围压的增加，试样的内部颗粒发生调整，孔隙比逐渐减小，橡皮膜嵌入量占

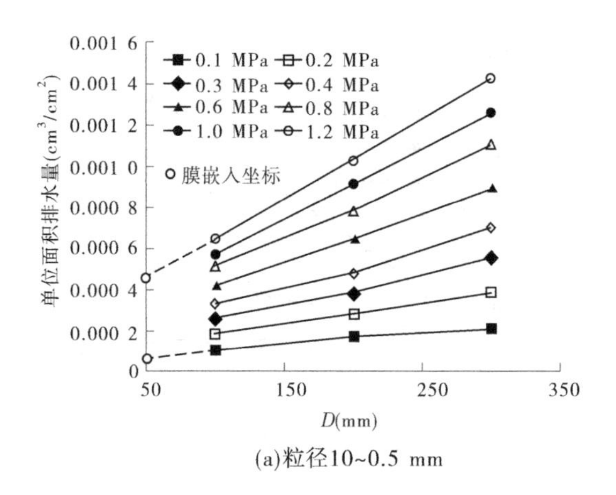

(a)粒径10~0.5 mm

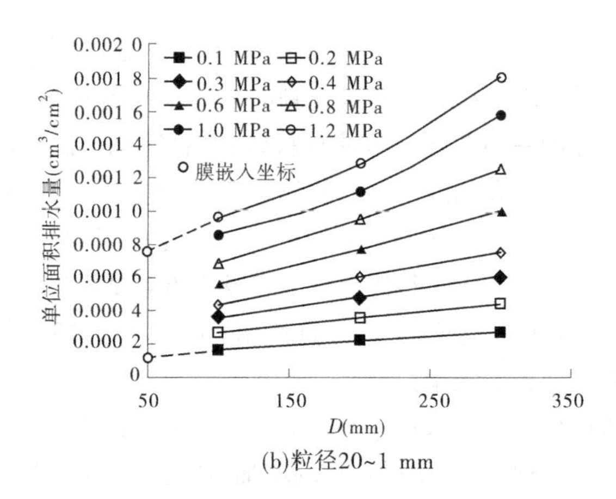

(b)粒径20~1 mm

图 2.2-14 单位面积嵌入量与试样直径关系曲线

比则逐渐减小。在相同围压下,两种级配砂砾石料的嵌入量占比相差较大:平均粒径 d_{50} 由 2 mm 增加到 4.28 mm 后,橡皮膜嵌入量占比由 51.6%增加到 69.4%,变化了 17.8%。随着围压的逐渐增加,橡皮膜的嵌入量占比逐渐减小,以直径为 100 mm 的试样为例,当围压从 300 kPa 增加到 1 200 kPa 时,砾石料(d_{50}=2 mm)的嵌入量占比由 40.8%下降到 39.1%,变化了 1.7%,试样直径为 200 mm 和 300 mm 时的变化规律与此类似,说明粒径和围压对嵌入量影响非常大。

表 2.2-4　不同直径及不同围压下砂砾石料橡皮膜嵌入量占比（%）

砂砾石料	直径(mm)					
	100		200		300	
围压 (kPa)	10 ~0.5 mm	20 ~1 mm	10 ~0.5 mm	20 ~1 mm	10 ~0.5 mm	20 ~1 mm
100	51.6	69.4	31.2	51.8	25.1	42.6
200	45.1	68.2	29.7	51.4	21.6	41.6
300	40.8	64.9	27.6	47.9	19.2	38.1
400	40.0	63.8	27.3	45.7	18.8	36.7
600	42.7	60.7	27.8	44.1	20.1	34.1
800	40.5	57.6	26.5	41.7	18.8	31.5
1 000	40.1	53.5	25.2	41.2	18.3	28.9
1 200	39.1	52.7	24.6	39.6	17.7	28.1

为更直观反映橡皮膜嵌入量占总排水量比例与试样直径和围压之间的关系,图 2.2-15 和图 2.2-16 分别给出了两种不同粒径砂砾石料围压与嵌入量占比关系曲线。可以看出,随着围压的增加,橡皮膜嵌入引起的排水体积占比逐渐减小,嵌入量占比大致呈线性减小趋势。这说明,大部分嵌入量在较小的围压作用下已完成,后续围压的增加改变的更多是试样内部的结构和密实状态,宏观反映为嵌入量逐渐减小。

由图 2.2-17 可以看出,相同围压下,随着试样直径的增加,橡皮膜嵌入量占总排水量的比例是逐渐减小的,这说明在相同围压下,相较于小直径试样,进行大直径试样的三轴试验,可有效减小橡皮膜嵌入量引起的排水量测量误差。对于粗粒土的大型常规三轴试验,其最大允许粒径为 60 mm,当试样密实度较大时,橡皮膜的嵌入

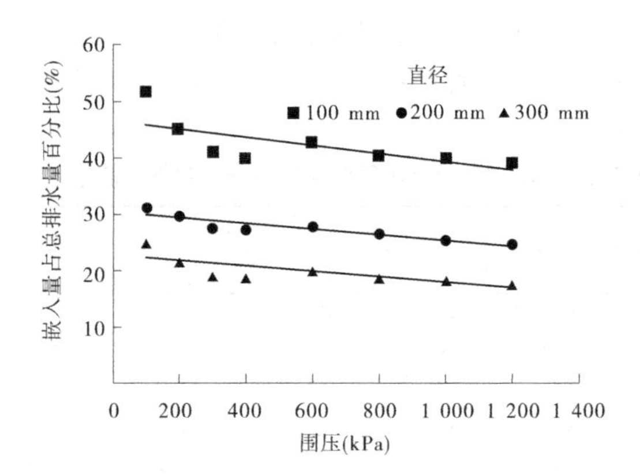

图 2.2-15　围压与嵌入量占总排水量关系曲线(0.5~10 mm 粒径)

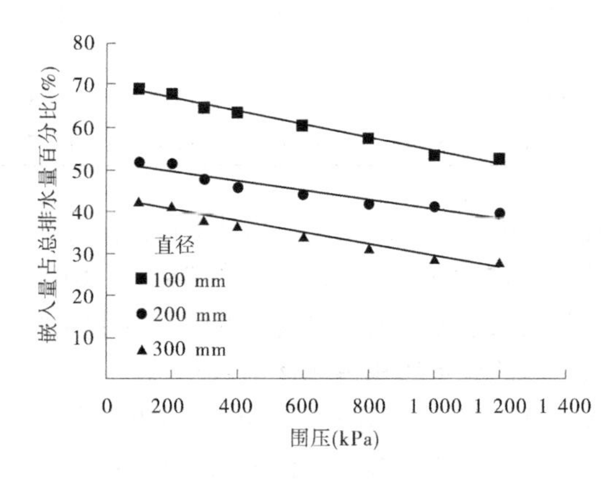

图 2.2-16　围压与嵌入量占总排水量关系曲线(1~20 mm 粒径)

量在较低围压的等向固结阶段即可完成;后续随着围压的增加,试样排水体积增量逐渐减小,说明围压的持续增加更多的是带来试样密实度的增大。因此,对于常规三轴试验,在较高的密度下进行大尺寸的试验,嵌入量引起的体变测量误差将远小于同种条件下小尺寸的试验。

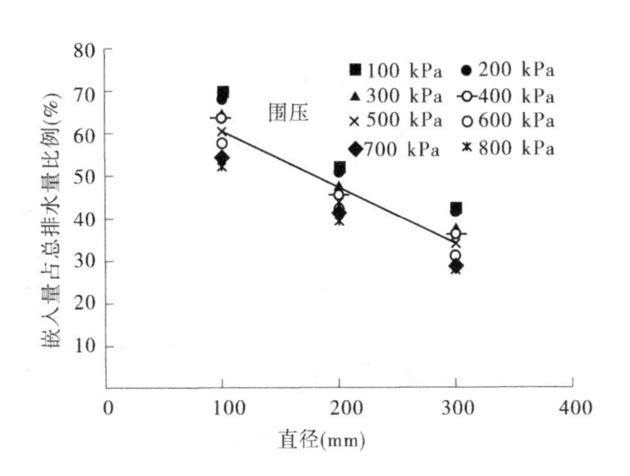

图 2.2-17　直径与嵌入量占总排水量比例关系(1~20 mm 粒径)

图 2.2-18 给出了不同直径堆石料与砂砾石料(试样颗粒粒径均为 0.5~10 mm)试样土体体积变形与围压的关系。可以看出，堆石料和砂砾石料的真实体积变形均随着围压的增大而逐渐增加。由于堆石料的初始密度略小于砂砾石料，相同围压下的试样土体体积变形比砂砾石料大，原因同样是砂砾石料与堆石料的内部颗粒排列不同：堆石料颗粒间受力特点是克服颗粒间的摩擦力进行滑移并调整内部孔隙，引起的排水体积增大；而砂砾石料是砂土，颗粒间摩擦力相对较小，颗粒间孔隙被细砂填充，相同围压作用下，内部孔隙变化较小。因此，在三轴试验过程中，颗粒组成对试样土体体积变形及橡皮膜嵌入量均具有重要影响。

2.2.6　解析解及经验公式验证

如前所述，目前常用的粗粒土三轴试验橡皮膜嵌入量计算公式主要为以下两类：一类是基于弹性力学方法推导的解析表达式[式(2-8)]；另一类是基于若干试验结果总结得到经验计算式[式(2-15)]。

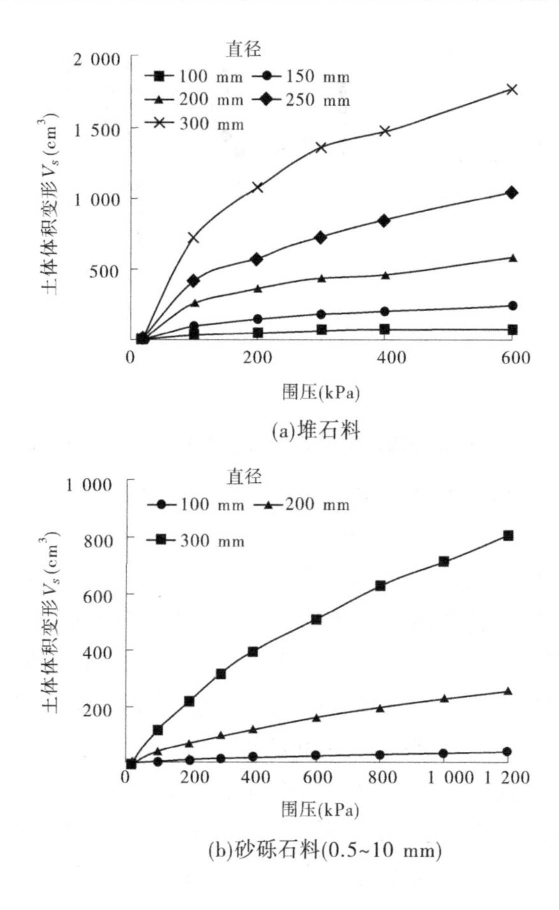

图 2. 2-18　试样土体体积变形与围压的关系

图 2. 2-19 给出了基于多尺度等向固结三轴试验得到的堆石料橡皮膜单位面积嵌入量与上述两类公式计算得出的值比较曲线。可以看出,各公式计算得出的橡皮膜单位面积嵌入量均随围压的增大而增大,但均略小于试验值。原因是:粗粒土的母岩性质和级配变化较大,简单采用未考虑级配及孔隙率变化的橡皮膜嵌

入量计算公式将导致橡皮膜嵌入量估算值偏小,且随着围压的增大,计算值与试验值之间的差值将逐渐增大。

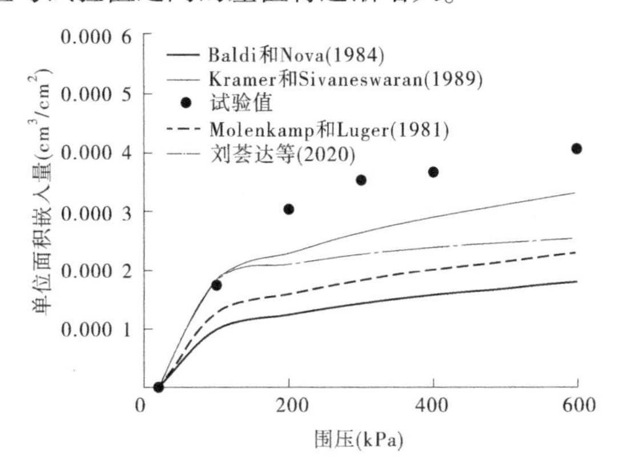

图 2.2-19　堆石料单位面积嵌入量计算结果比较

图 2.2-20 给出了解析解预测的砂砾石料(分别为 0.5~10 mm 和 1~20 mm 粒径)单位面积嵌入量与围压关系曲线。不难发现,随着围压的增大,两种粒径砂砾石料的橡皮膜单位面积嵌入量逐渐增大,几个公式预测值与试验值的总体趋势保持一致。

显然,对于砂砾石料, Baldi 和 Nova 提出的解析解计算值更接近于试验值,且围压增大后两者差异很小;Kramer 和 Sivaneswaran、Molenkamp 和 Luger 提出的解析解预测效果与试验值的差异较大。对比图 2.2-19,Baldi 和 Nova 提出的解析解在预测堆石料嵌入量时明显偏小,其原因可能是:堆石料在高应力作用下发生颗粒破碎,颗粒间的摩擦和滑动使得内部孔隙不能够及时调整,且试样周围的土体变形无法恢复,随着围压的增大,橡皮膜逐渐嵌入周边土体周围孔隙中,嵌入量随之增大。

相对于堆石料,砂砾石料黏聚力较小,颗粒间摩擦作用小,试样内部的粗颗粒和细颗粒在压力作用下易产生滑动并进行内部调

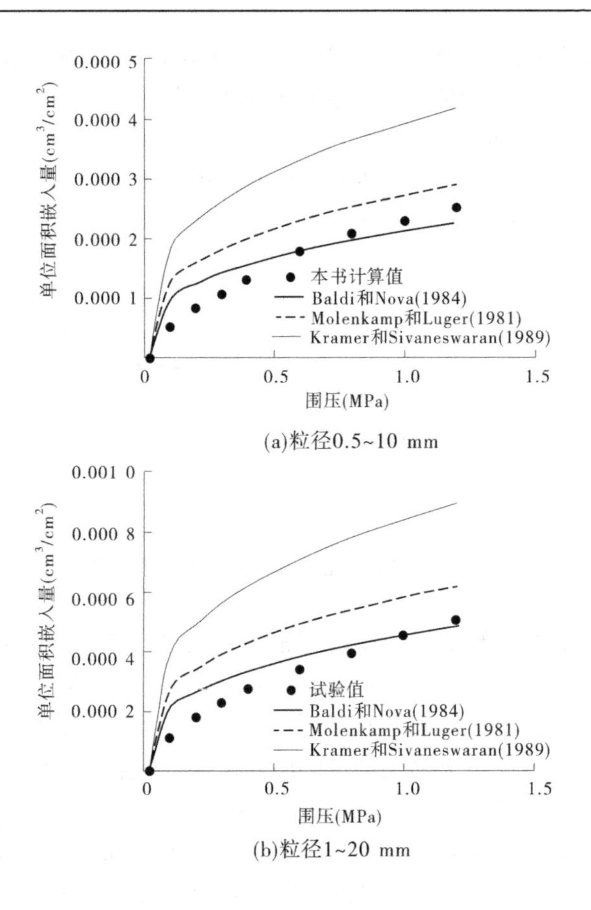

图 2.2-20　砂砾石料单位面积嵌入量与围压关系曲线

整;堆石材料颗粒棱角结构清晰,在一定围压作用下,颗粒间的咬合作用显著,内摩擦角较大,不易产生滑动,颗粒内部不能够及时调整,宏观体现为嵌入量增大;含砂石颗粒形状呈椭圆形或圆形,易滑动和滚动，试样周围土体变形易调整，相应的单位面积嵌入量则小于堆石料。

对比图 2.2-20(a) 和图 2.2-20(b)，随着中间粒径和围压的增大，单位膜嵌入量增大，这也说明围压和平均粒径 d_{50} 是影响橡皮膜嵌入的主要因素。砂砾石料级配的变化改变了粗细颗粒的含量，在一定围压下，随着平均粒径的增加，粗颗粒间的孔隙难以被细颗粒完全填充，橡皮膜会嵌入到这部分孔隙中，导致嵌入量的增加。综上，针对颗粒粒径和围压等影响因素，本试验中堆石料和砂砾石料的嵌入量变化规律与前人研究保持一致，也验证了多尺度三轴试验方法的有效性。

2.3　K_0 试验法

2.1 节和 2.2 节分别详细介绍了采用内置铁棒法和多尺度三轴试验法间接测量橡皮膜嵌入量的方法，并对橡皮膜嵌入量与围压、试样直径等关系进行了展开研究。2.3 节将采用一种测试橡皮膜嵌入的新方法——K_0 试验法，以双江口土石坝坝壳粗粒料为研究对象，通过刚性壁的新型 K_0 试验仪及柔性壁的三轴试验仪进行 K_0 试验，对比分析得出橡皮膜嵌入量，并基于试验结果对橡皮膜嵌入的影响因素进行分析研究，总结得出了一个橡皮膜嵌入量的经验模型。

2.3.1　基本原理

土体的 K_0 值为土体静止侧压力系数，其定义为在无侧向变形条件下，土体的侧向有效应力与竖向有效应力之比。在实际工程中，土体初始应力状态的确立一般先依据土体的深度、自重等条件算出竖向的有效应力，之后再依据竖向力与 K_0 值求得侧向有效应力。因此，K_0 在确定土体初始应力状态方面有着重要的作用。作为土体的重要力学指标，国内外诸多学者通过不同的方法来测量与研究土体的静止侧压力系数。

土体静止侧压力系数的测定主要通过原位试验与室内试验来实现。在原位试验方面,主要有应力铲试验、载荷试验、静力触探试验等[19-22]。但由于试验现场情况复杂,影响试验结果的因素较多,因此原位试验所得的静止侧压力系数的准确性一般无法保证。在室内试验方面,一般利用特制的固结仪来进行 K_0 值的测定。固结仪又可以分为刚性壁与柔性壁两种。

Tezarghi[23]最早在试样中埋置横向与竖向的贯穿钢带,测得试样固结完成后抽出钢带的力即可计算得出试样的静止侧压力系数。对于传统刚性壁的 K_0 固结仪,其原理基本相同,一般通过测量侧壁的侧向变形来求得土体的 K_0 值,但由于既要满足能产生侧向膨胀的柔性条件,又要满足无侧向变形的刚性条件,所以这种矛盾往往难以协调,从而导致此类试验存在一定的误差。如图 2. 3-1 所示,朱俊高等[24]研制了大型与小型 K_0 固结仪,该仪器通过连接在两个半圆刚性筒上的拉力传感器直接测得土体的侧向应力,依据加载过程中的竖向应力即可直接求得土体的 K_0 值。该仪器适用于各类土体,可以进行数兆帕压力下的 K_0 试验。目前来说,该仪器有着较好的适用性与可靠性,本书即采用该新型 K_0 试验仪进行橡皮膜嵌入试验。

在柔性壁固结仪方面,其原理主要是通过侧壁橡皮膜中的水压力得出试样的侧向应力,从而计算土体的 K_0 值,柔性壁(水囊式)K_0 固结仪如图 2. 3-2 所示,另有应用较多的三轴 K_0 固结仪(见图 2. 3-3)。诸多学者[25-29]利用柔性壁固结仪针对土体静止侧压力系数进行了大量的研究并取得了一系列重要研究成果,但目前这方面的研究主要集中于细颗粒土上,这是因为对于粒径较大的粗颗粒土来说,试验过程中柔性的膜会嵌入至土颗粒表面的孔隙中,导致土体产生侧向变形,因此柔性壁 K_0 试验仪应用于粗颗粒土时存在显著的橡皮膜嵌入效应。

(a)实物图

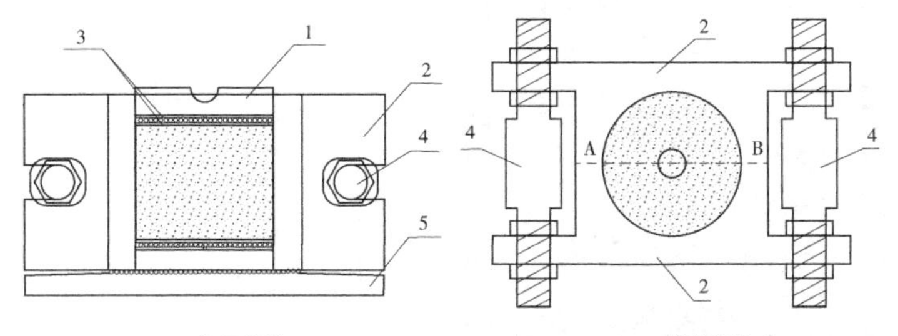

(a)剖面图　　(b)俯视图

1—加压上盖板;2—压力室;3—上(下)部传力板;4—拉力传感器;5—底座

图 2.3-1　刚性壁 K_0 固结仪

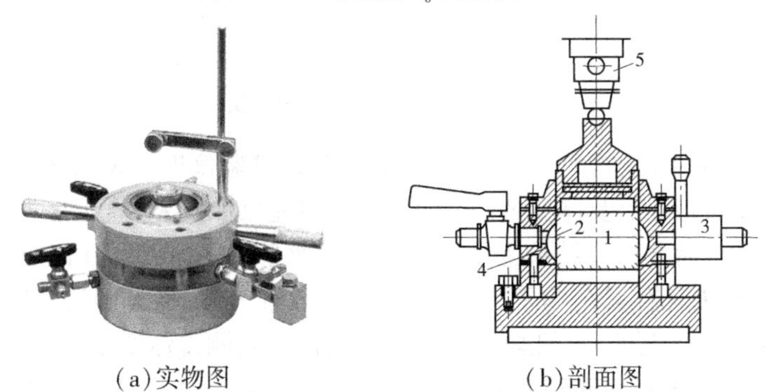

(a)实物图　　(b)剖面图

1—试样;2—橡皮膜;3—压力计;4—水囊;5—竖向应力传感器

图 2.3-2　柔性壁(水囊式)K_0 固结仪

如前所述，理论上，利用刚性壁与柔性壁 K_0 试验仪上的差异即可研究粗颗粒土橡皮膜嵌入问题。对于粗颗粒土三轴 K_0 试验，试验过程中土体总体变 ΔV 是由土体的体积变形 ΔV_s 与橡皮膜嵌入体积 ΔV_m 构成。因此，只需得知总体变 ΔV 与土体体变 ΔV_s，将两者相减即可得出橡皮膜的嵌入体积。

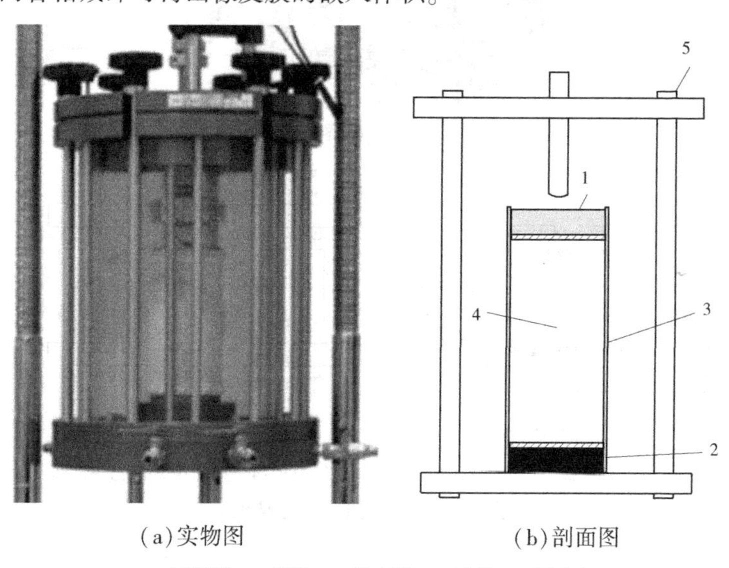

(a)实物图　　(b)剖面图

1—试样帽;2—底座;3—橡皮膜;4—试样;5—压力室

图 2.3-3　三轴 K_0 固结仪

基于此，首先采用刚性壁的新型 K_0 试验仪进行 K_0 试验，测得土体的 K_0 值及体变 ΔV_1。而已有的研究已证实 K_0 值通常为一个常数(后文试验结果也是如此)，根据此条件，以新型 K_0 试验仪测得的 K_0 值(其值为常数)进行柔性壁三轴 K_0 试验，同时保证两个试样的制样方法、孔隙比、级配等条件相同，测得体变 ΔV_2。

对于刚性壁新型 K_0 试验仪的 K_0 试验，其体变 ΔV_1 即为土颗粒的体变 ΔV_s，而对于柔性壁的三轴试验，其测得的体变 ΔV_2 即为总体变 ΔV。两个试样的应力条件相同而边界条件不同，引起边界条件不同的原因即为橡皮膜嵌入的影响。因此,两种初始条件相同的 K_0 试验之间的体变差值即为橡皮膜嵌入量。

2.3.2　试验土料

试验土样采用来自某心墙坝的坝壳粗粒料。该材料为花岗岩材质,灰白色,具有似斑状结构,块状—片麻状构造。

综合前人的研究,发现其研究大多针对级配料,而这类研究可能存在级配组成这一不确定因素。为深入研究各因素对橡皮膜嵌入量的影响,本书采用单粒组土料(如 10~20 mm 的土料)对橡皮膜嵌入量的影响因素进行研究。单粒组料可细分为以下 3 组:粒径 10~20 mm 的粗颗粒土料为一组,粒径为 5~10 mm 的粗颗粒土料为一组,粒径为 2~5 mm 的粗颗粒土料为一组。3 组土料如图 2.3-4 所示。

2.3.3　试验方案

2.3.3.1　新型 K_0 试验仪试验方案

利用新型 K_0 试验仪对上一节提到的单粒组料及级配料进行粗颗粒土的 K_0 试验,研究不同孔隙比和不同粒径下粗颗粒土的应力变形关系。对三种粒径的单粒组料进行了四种孔隙比(分别为 0.6、0.7、0.8、0.9)下的 K_0 试验,试样编号为 D1~D12。具体试验方案如表 2.3-1 所示。

2.3.3.2　三轴 K_0 试验仪试验方案

利用中型三轴试验仪对 2.3.1 部分中的单粒组料进行 K_0 固结试验。试验加载过程中,控制试样的 K_0 值等于相应新型 K_0 试验仪测得的 K_0 值。利用三轴 K_0 试验,研究不同橡皮膜厚度、不同初始孔隙比、不同粒径下的粗颗粒土 K_0 试验的应力变形关系。具体试验方案如表 2.3-2 所示,其中单粒组试样编号用 S1~S36 来表示,S1~S36 料的 K_0 值与相应初始孔隙比下 D1~D12 料的 K_0 值

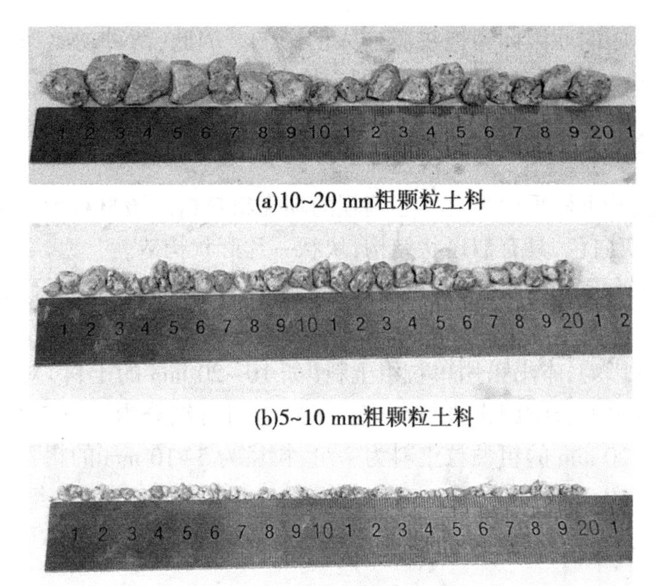

(a)10~20 mm粗颗粒土料

(b)5~10 mm粗颗粒土料

(c)2~5 mm粗颗粒土料

图 2.3-4　各粒径粗颗粒土实物

相等。

通过横向对比 S1~S16、S17~S31、S32~S36 土料，可以研究当颗粒粒径相同时，橡皮膜厚度与初始孔隙比对体变值与橡皮膜嵌入量的影响。之后再通过纵向对比 S1~S36 料，得出粒径对体变值与橡皮膜嵌入量的影响。

2.3.4　两种 K_0 试验结果与分析

2.3.4.1　K_0 值及其影响因素分析

对于 K_0 状态下土体侧向应力与竖向应力之间的关系，国内外许多学者都进行过相关研究。但研究结果存在较大的冲突，一些学者[30-36]认为在加载过程中，侧向应力与竖向应力之间呈现良好的线性关系，即 K_0 值可视为一个常数。但也有不少学者[37-40]指

表 2.3-1　单粒组试样的试验方案

试样	最大粒径 d_{max}(mm)	初始孔隙比 e
D1	20	0.6
D2	20	0.7
D3	20	0.8
D4	20	0.9
D5	10	0.6
D6	10	0.7
D7	10	0.8
D8	10	0.9
D9	5	0.6
D10	5	0.7
D11	5	0.8
D12	5	0.9

出，加载过程中 K_0 值在不断变化，即线性关系无法成立。因此，对于土体在 K_0 状态下侧向应力与竖向应力之间的关系，还存在一定的争议。

根据 2.3.3 部分的试验方案，对双江口粗粒料进行 K_0 试验。图 2.3-5 给出了单粒组料在不同初始孔隙比 e 下竖向应力 σ_V 与侧向应力 σ_h 的关系。从图中可以看出，对试验值进行线性拟合后，竖向应力 σ_V 与侧向应力 σ_h 呈现良好的线性关系。由 2.3.1 部分可知，K_0 值为侧向应力 σ_h 与竖向应力 σ_V 的比值，因此 K_0 值即为图 2.3-5 中直线的比例系数，即为一个常数。K_0 值汇总如表 2.3-3 所示。

表 2.3-2　三轴试验单粒组试样的试验方案

试样	最大粒径 d_{max} (mm)	橡皮膜厚度 t_m (mm)	初始孔隙比 e	K_0 值
S1	20	1.5	0.6	0.33
S2	20	2	0.6	0.33
S3	20	2.5	0.6	0.33
S4	20	3	0.6	0.33
S5	20	1.5	0.7	0.43
S6	20	2	0.7	0.43
S7	20	2.5	0.7	0.43
S8	20	3	0.7	0.43
S9	20	1.5	0.8	0.45
S10	20	2	0.8	0.45
S11	20	2.5	0.8	0.45
S12	20	3	0.8	0.45
S13	20	1.5	0.9	0.40
S14	20	2	0.9	0.40
S15	20	2.5	0.9	0.40
S16	20	3	0.9	0.40
S17	10	1.5	0.6	0.37
S18	10	2	0.6	0.37
S19	10	2.5	0.6	0.37
S20	10	3	0.6	0.37
S21	10	1.5	0.7	0.43
S22	10	2	0.7	0.43
S23	10	2.5	0.7	0.43
S24	10	1.5	0.8	0.45

续表 2.3-2

试样	最大粒径 d_{max} (mm)	橡皮膜厚度 t_m (mm)	初始孔隙比 e	K_0 值
S25	10	2	0.8	0.45
S26	10	2.5	0.8	0.45
S27	10	3	0.8	0.45
S28	10	1.5	0.9	0.43
S29	10	2	0.9	0.43
S30	10	2.5	0.9	0.43
S31	10	3	0.9	0.43
S32	5	0.5	0.7	0.42
S33	5	1	0.7	0.42
S34	5	1.5	0.7	0.42
S35	5	1.5	0.8	0.47
S36	5	1.5	0.9	0.50

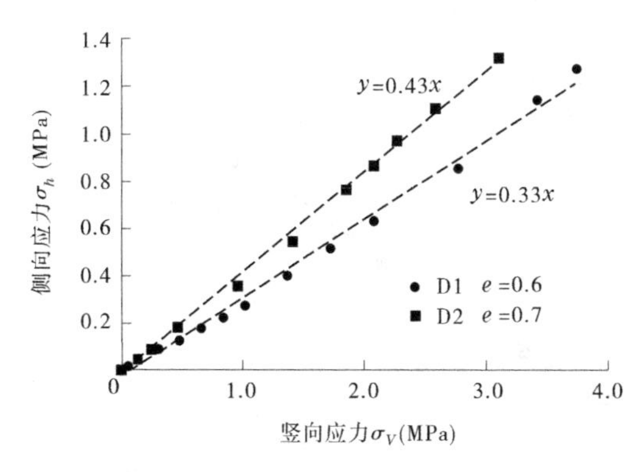

图 2.3-5　单粒组料在不同初始孔隙比 e 下的 σ_V—σ_h 关系曲线

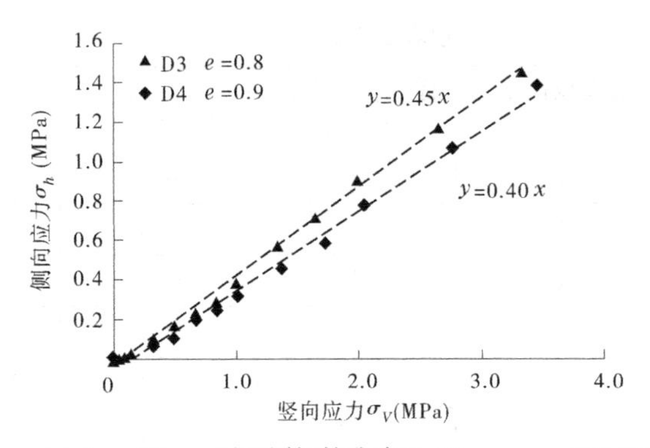

(a) d_{max}=20 mm时不同初始孔隙比e下$\sigma_V-\sigma_h$关系曲线

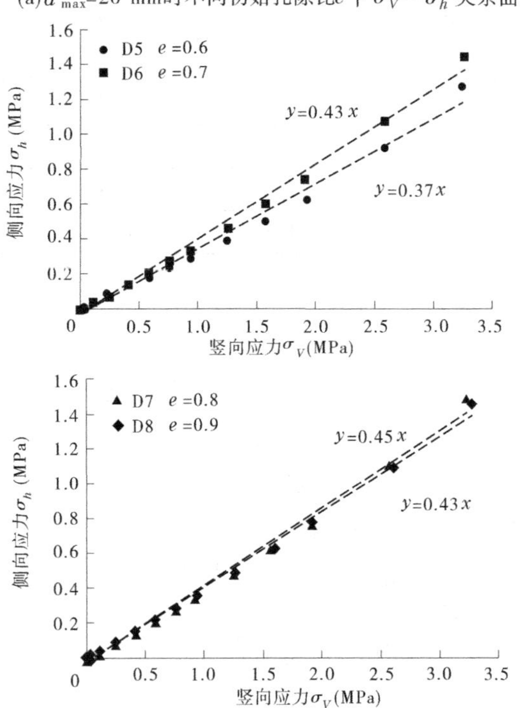

(b) d_{max}=21 mm时不同初始孔隙比e下$\sigma_V-\sigma_h$关系曲线

续图 2.3-5

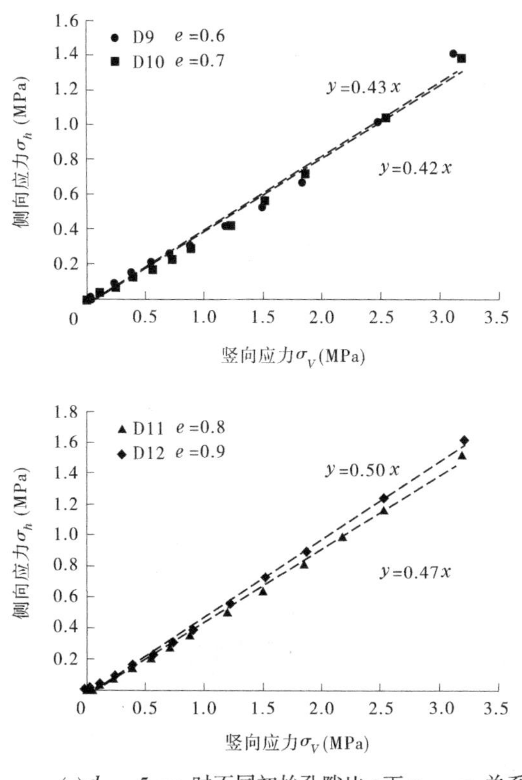

(c) d_{max}=5 mm时不同初始孔隙比 e 下 $\sigma_V-\sigma_h$ 关系曲线

续图 2.3-5

从表2.3-3中可以看出，不同初始孔隙比 e 下的单粒组料的 K_0 值均集中在0.3~0.5。为了更进一步地研究粗颗粒土 K_0 值与初始孔隙比 e 之间的关系，将两者的关系曲线绘制成图2.3-6。

从图2.3-6中可以看出，除最大粒径为5 mm的单粒组料以外，其余土料的 K_0 值均随着初始孔隙比 e 的增大，呈现出先增大后减小的趋势。之所以产生这种趋势，是因为当土颗粒间的孔隙较大时，颗粒与颗粒之间的咬合力较小，易发生相对错动，而刚性

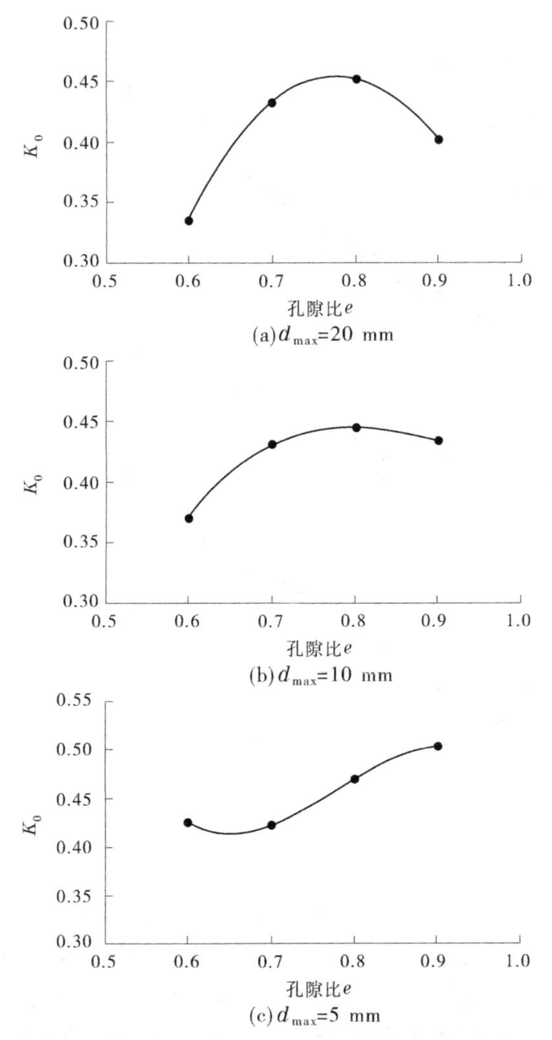

图 2.3-6 不同孔隙比 e 下的 K_0—e 关系曲线

的侧壁由于限制了错动的发生从而引起了较大的侧向应力，因此其 K_0 值较大。但当内部孔隙大到一定程度时，在压力的作用下土

表 2.3-3　K_0 值汇总

试样	初始孔隙比 e	K_0 值
D1	0.6	0.33
D2	0.7	0.43
D3	0.8	0.45
D4	0.9	0.40
D5	0.6	0.37
D6	0.7	0.43
D7	0.8	0.45
D8	0.9	0.43
D9	0.6	0.43
D10	0.7	0.42
D11	0.8	0.47
D12	0.9	0.50

颗粒会先向孔隙较大的内部骨架滑动，从而对侧壁产生较小的应力，导致 K_0 值减小。对于最大粒径为 5 mm 的单粒组料，其孔隙比还尚未达到能使颗粒向内产生错动的极限值。因此，其 K_0 值会随着孔隙比的增大而增大。上述只是一种猜测，如有必要还需要最大、最小干密度试验进行验证。

图 2.3-7 给出了单粒组料同一初始孔隙比 e 下 $K_0—d_{max}$ 关系曲线。从图 2.3-7 中可以看出，在相同初始孔隙比 e 下，大部分试样的 K_0 值随着粒径的增大而呈现减小的趋势。另外，对比单粒组料的四组关系曲线可以看出，当初始孔隙比较小时，最大粒径 d_{max} 对 K_0 值的影响更为显著。

2.3.4.2　新型 K_0 试验结果分析

为研究粗颗粒土在 K_0 状态下的变形特性，图 2.3-8 中的(a)、(b)和(c)分别给出了不同初始孔隙比下，单粒组料的体变值 ε_V 与侧向应力 σ_h 的关系曲线。从图 2.3-8 中可以看出，在加载的过

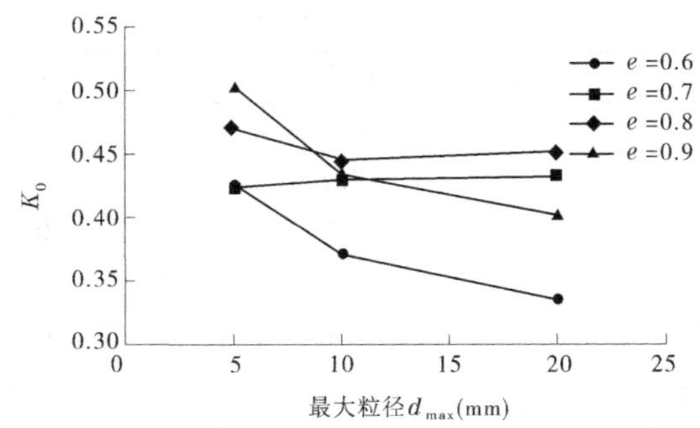

图 2.3-7　单粒组料同一初始孔隙比 e 下 K_0—d_{max} 关系曲线

程中,侧向应力与体变之间有着较好的规律性。随着侧向应力的增大,不同粒径、不同初始孔隙比的试样的体变均有所增大。

同时,进一步分析其线型特征可以发现,当侧向应力较小时,其应变的增长率较大,之后随着侧向应力的增大,其增长率逐步变小。这主要是因为在单向压缩状态下,土体的压缩大致可分为两个阶段:第一阶段为压缩初期,该阶段土体受到的压力较小,其内部的骨架结构较为松散,抵抗变形的能力较低。在压力逐步增大的过程中,土颗粒会发生旋转移动并填补到骨架的孔隙之中,从而产生较大的土体变形。第二阶段发生在压缩中后期。随着变形的发生,土颗粒旋转移动紧密接触,土体内部的孔隙越来越小,并形成较为稳定且具有一定抗变形能力的骨架。同时,压力的增大也会产生颗粒破碎,破碎后的小颗粒在压力的作用下填充颗粒间的孔隙,减小了土体的孔隙率。因此,该阶段土体抗变形的能力随着压力的增大而增大,其体变的变化率随着应力的增大而缓慢减小。

此外,从图 2.3-8 中也可以看出,当土体所受侧向应力相同时,体变值随着初始孔隙比的增大而增大,其增量随着侧向应力的增大呈现增大的趋势。这一变化与土体的变形机制相一致。即土颗粒间的孔隙越大,其抵抗变形的能力就越弱,变形也就相应越大。

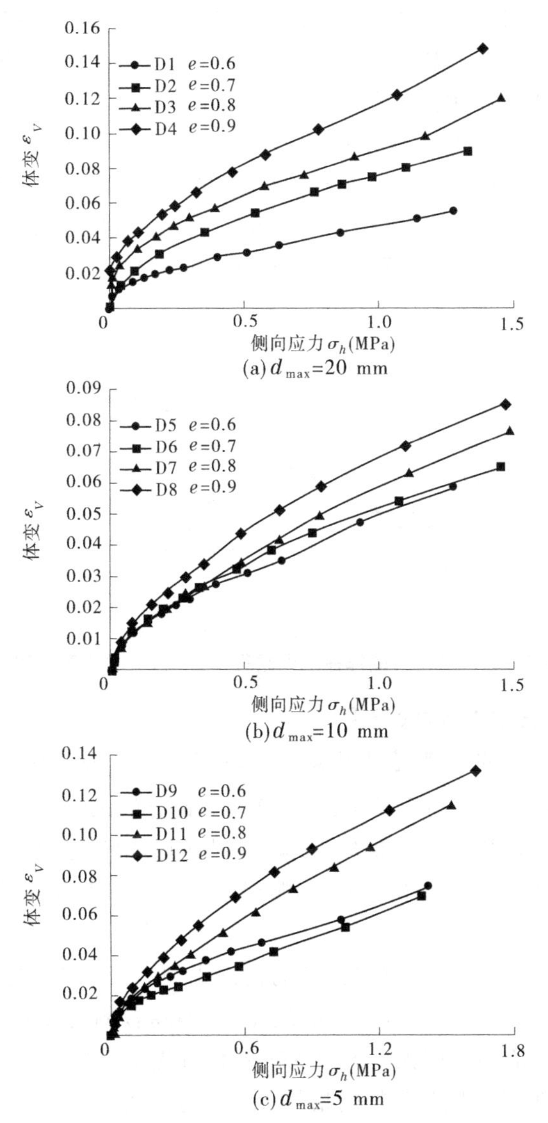

(a) d_{max}=20 mm

(b) d_{max}=10 mm

(c) d_{max}=5 mm

图 2.3-8　试样在不同孔隙比 e 下 ε_V—σ_h 的关系曲线

为研究粗颗粒土 K_0 状态下颗粒粒径对体变的影响，从图 2.3-8 中选出几组数据，绘制成图 2.3-9，更为直观地表述颗粒粒径对体变的影响。单粒组料的粒径用最大粒径 d_{max} 表述。从图 2.3-9 中可以看出，粒径对体变的影响较为显著：在同一侧向应力作用下，颗粒粒径越小，土体的体变则越大。这主要是因为在同等压力作用下，土体内部粗颗粒含量越少，其土骨架抵抗变形的能力越弱，产生的变形就越大，体变值也相应越大。

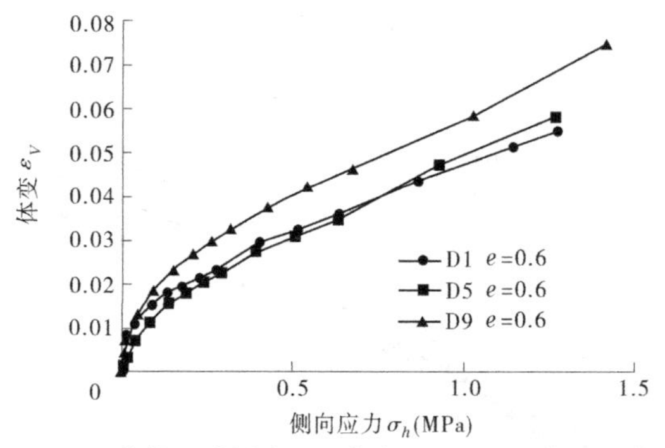

图 2.3-9　单粒组试样在不同粒径下 ε_V—σ_h 的关系曲线

2.3.4.3　三轴 K_0 试验结果

为研究三轴 K_0 状态下粗颗粒土的应力应变关系及为后续橡皮膜嵌入量的研究打下基础，根据 2.3.3 部分的试验方案，对双江口粗颗粒土料开展了三轴 K_0 试验。将相同初始孔隙比 e 下，不同橡皮膜厚度的试样的体变 ε_V 与侧向应力 σ_h 关系曲线的对比绘制在图 2.3-10 中。

总体来看，初始孔隙比相同的情况下，单粒组试样的体变 ε_V 与侧向应力 σ_h 之间有着较好的规律性，即随着侧向应力的增加，试样的体变值相应增大，体变变化率有着先增大后减小的趋势，ε_V—σ_h 线形呈现较为良好的指数关系。这一规律与新型 K_0 试验仪所得规律一致，而三轴 K_0 试验的试验原理与新型 K_0 试验仪相

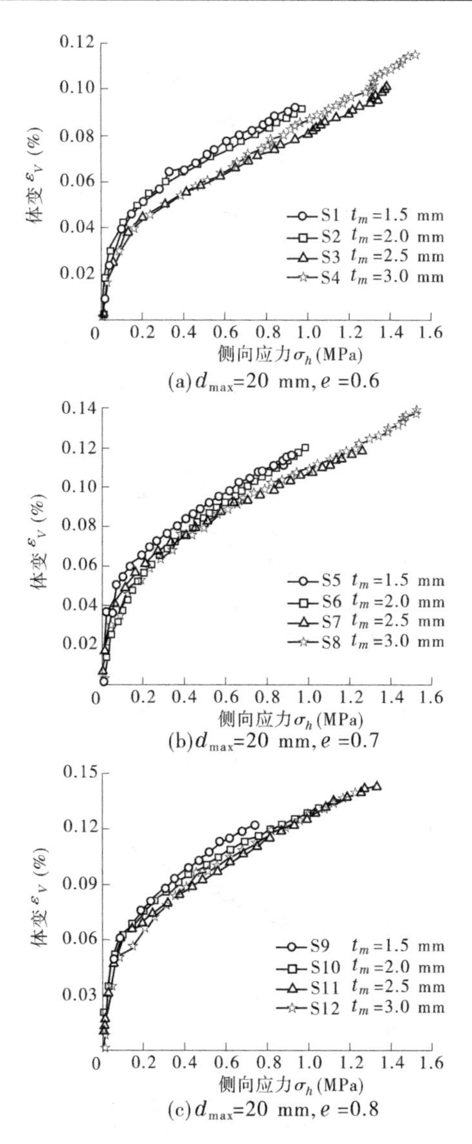

图 2.3-10 单粒组试样在不同橡皮膜厚度下 ε_V—σ_h 的关系曲线

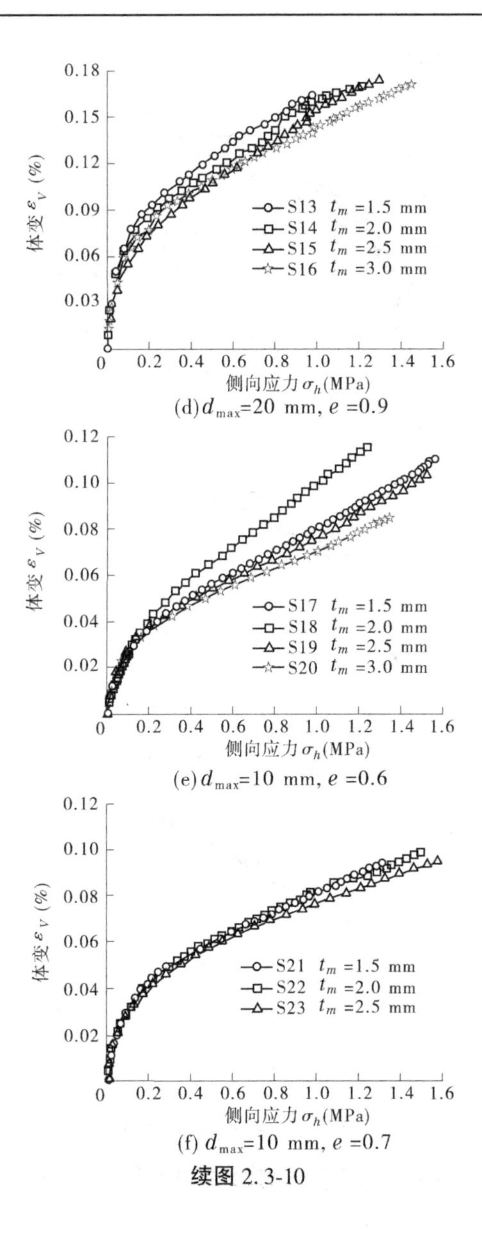

(d) d_{max}=20 mm, e =0.9

(e) d_{max}=10 mm, e =0.6

(f) d_{max}=10 mm, e =0.7

续图 2.3-10

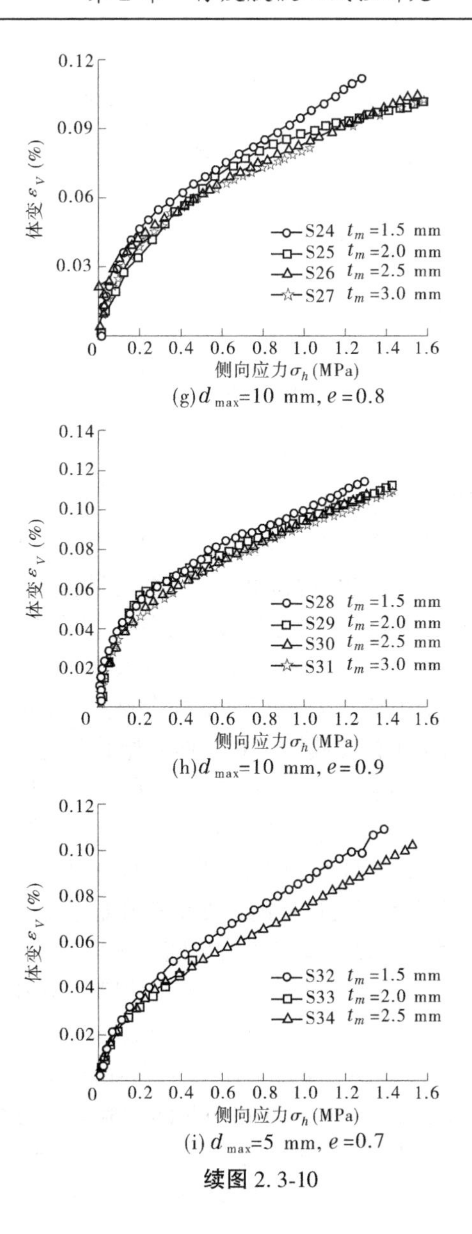

0.12
0.09
0.06
0.03
0
0.2 0.4 0.6 0.8 1.0 1.2 1.4 1.6
体变 ε_V (%)
侧向应力 σ_h (MPa)
S24 t_m =1.5 mm
S25 t_m =2.0 mm
S26 t_m =2.5 mm
S27 t_m =3.0 mm
(g) d_{max}=10 mm, e=0.8
0.14
0.12
0.10
0.08
0.06
0.04
0.02
S28 t_m =1.5 mm
S29 t_m =2.0 mm
S30 t_m =2.5 mm
S31 t_m =3.0 mm
(h) d_{max}=10 mm, e=0.9
S32 t_m =1.5 mm
S33 t_m =2.0 mm
S34 t_m =2.5 mm
(i) d_{max}=5 mm, e=0.7

续图 2.3-10

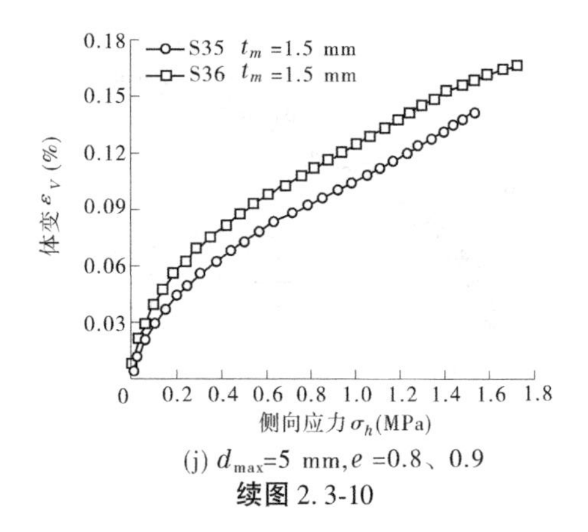

(j) d_{max}=5 mm, e =0.8、0.9

续图 2.3-10

同,因此可以说明三轴 K_0 试验结果的有效性。纵向对比不同橡皮膜厚度的试样,发现随着厚度 t_m 的增大,体变量均有所减小,相同侧压力下试样的体变差值最高达到 40%。由此可见,橡皮膜厚度对体变量有着较为显著的影响,这与前人已有的研究成果也是相符合的。橡皮膜厚度越大,单位面积上让其产生变形所需的应力就越大。因此,在相同应力的情况下,较薄的橡皮膜会产生更大的变形。

图 2.3-11 给出了橡皮膜厚度相等而初始孔隙比不等情况下,单粒组土料体变 ε_V 与侧向应力 σ_h 之间的关系。由于试验数据过多,出于文章篇幅考虑,仅选取 1.5 mm 与 3.0 mm 情况下的试验值进行研究。由图 2.3-11 可以看出,当作用在土体上的侧向应力相同时,初始孔隙比不同的试样的体变值存在显著差异,初始孔隙比越大,其体变值也越大。体变的增量随着侧向应力的增大而逐渐减小。这与新型 K_0 试验仪所得规律较为相似。在相同围压下,e=0.9 试样的体变值约为 e=0.6 试样体变值的 1.3~2 倍。因此,初始孔隙比对三轴试验体变的影响也是较为显著的。

对初始孔隙比与橡皮膜厚度相同时的试验结果进行整理,绘制了不同最大粒径 d_{max} 下,单粒组土料的体变 ε_V 与侧向应力 σ_h 之间的关系曲线,如图 2.3-12 所示。从图 2.3-12 中可以明显看出,

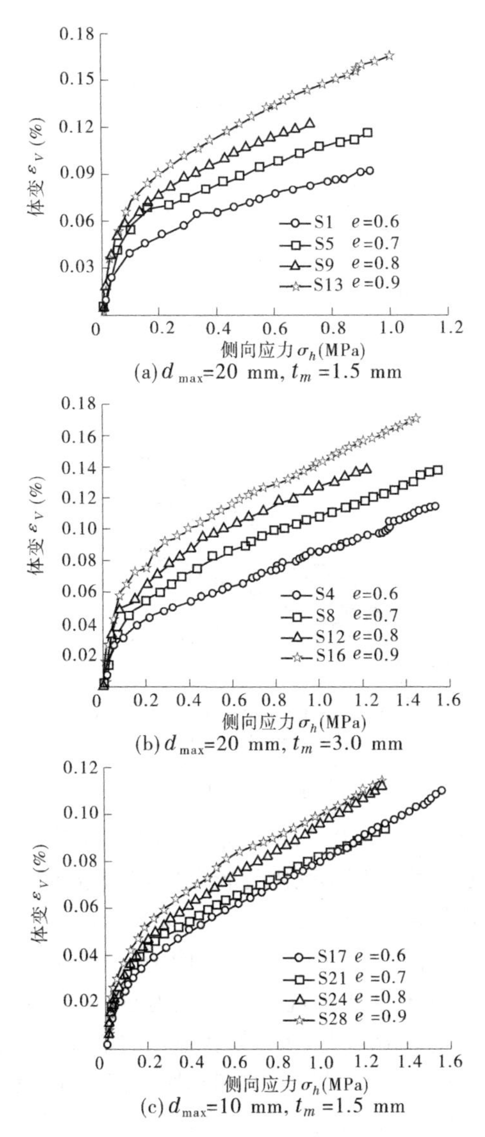

图 2.3-11　单粒组试样在不同初始孔隙比下 ε_V—σ_h 的关系曲线

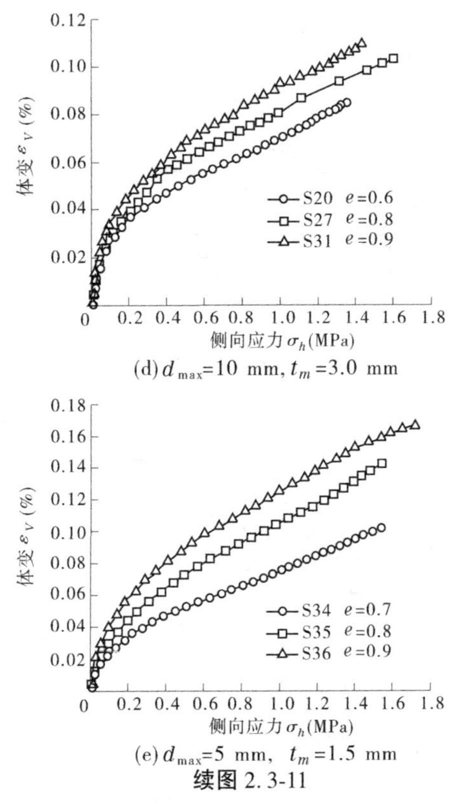

(d) d_{max}=10 mm, t_m=3.0 mm

(e) d_{max}=5 mm, t_m=1.5 mm

续图 2.3-11

当初始孔隙比较小(e= 0.7)时,同一侧向应力下,d_{max} 越大的土料,其体变值也越大。但当孔隙比较大(e=0.8、e=0.9)时,20 mm 的土料的 ε_V 依然最大,但 5 mm 土料的 ε_V 超过了 10 mm 的土料。这是因为当初始孔隙比 e 较大时,在同等压力作用下,土体内部粗颗粒含量越少,其土骨架抵抗变形的能力越弱,产生的变形就越大,土体的变形也相应越大。同时,孔隙比的增大也会使橡皮膜嵌入量增大。因此,在这两种因素共同作用下,5 mm 土料的 ε_V 就会超过 10 mm 土料的 ε_V。除此以外,在图中也可以看出,同一侧向应力下,体变值最大可相差 1 倍左右。

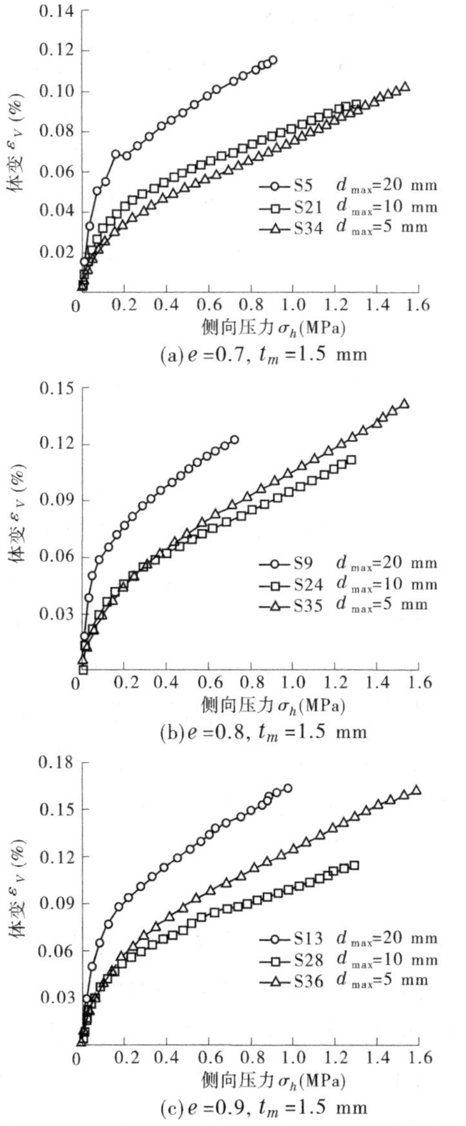

(a) $e=0.7,\ t_m=1.5$ mm

(b) $e=0.8,\ t_m=1.5$ mm

(c) $e=0.9,\ t_m=1.5$ mm

图 2.3-12 试样在不同 $d_{\max}$ 下 ε_V—σ_h 的关系曲线

2.3.4.4　两种 K_0 试验结果与分析

进行两种 K_0 试验的目的主要是对比分析两种试验的结果,找出产生差异的原因,并且为以下开展橡皮膜嵌入量的研究打下基础。

以 20 mm 单粒组土料为研究对象,对相同初始孔隙比下两种试验的试验数据进行整理,将体变与侧向应力的关系曲线绘制成图 2.3-13。通过对比两种试验的试验结果,可以发现,在初始孔隙比相同的情况下,三轴 K_0 试验所得的体变 ε_V 均大于新型 K_0 试验仪所得的 ε_V。并且,初始孔隙比 e 越小,两种试验的差异似乎越明显。

通过 2.3.4.2 部分的分析可以发现,新型 K_0 试验仪所得的 K_0 值为一个常数。而三轴 K_0 试验也是基于此假设,将 K_0 值设定为一个常数,进行试验。因此,这两种试验的应力条件是一致的。同时,两种试验试样的初始孔隙比、级配、制样方式等都是一样的。那么,造成图 2.3-13 两者体变差异的唯一因素就是边界条件,即橡皮膜的嵌入。对于新型 K_0 试验仪来说,其侧壁是刚性的,体变即为土体的压缩变形;而对于三轴仪,由于橡皮膜的存在,在围压的作用下,橡皮膜会嵌入到表层的孔隙之中,从而造成多余的排水量,进而导致其体变值不仅包含土体的压缩变形,还包含橡皮膜的嵌入量。

通过上述分析,找出了造成两种 K_0 试验体变差异的因素——橡皮膜的嵌入。通过将两种试验的体变值相减,即可得出橡皮膜的嵌入量。因此,可以运用这种方法求得不同初始孔隙比和不同级配条件下粗颗粒土的橡皮膜嵌入量,这为后续橡皮膜嵌入影响因素的深入研究打下了基础。

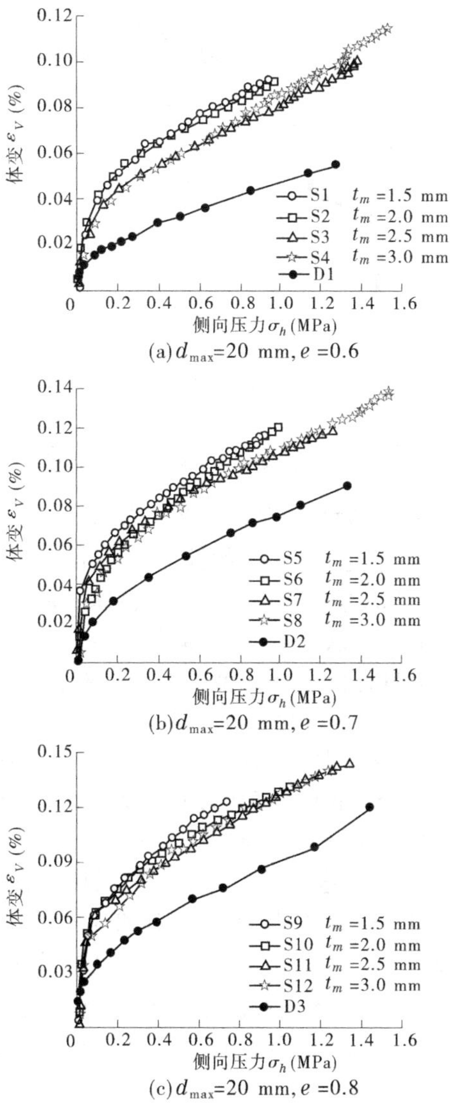

图 2.3-13 两种 K_0 试验 ε_V—σ_h 的关系曲线对比

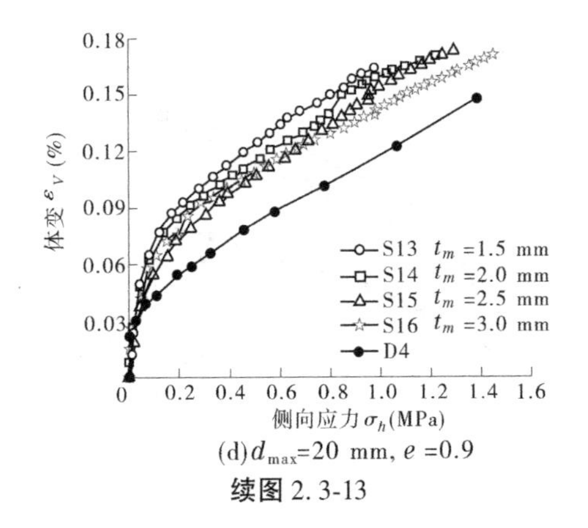

(d)d_{max}=20 mm, e =0.9

续图 2.3-13

2.3.5　橡皮膜嵌入量结果与影响因素分析

2.3.5.1　有效净压力对橡皮膜嵌入量的影响

运用 2.3.1 部分关于嵌入量的计算方法计算 S1 ~ S36 料的橡皮膜嵌入量,并对嵌入量进行汇总整理。整理结果如图 2.3-14 所示。从图 2.3-14 中可以看出,橡皮膜嵌入量 V_m 与有效净压力 p 之间均呈现较为良好的双曲线型关系。随着 p 的增大,嵌入量 V_m 有所增大,但嵌入量的变化率逐步减小,如 1.5 MPa 下的 V_m 较 1.2 MPa 下的 V_m 变化不大。除此以外,从图 2.3-14 中也不难发现,橡皮膜的嵌入大部分在低有效净压力下完成。由 d_{max} = 10 mm 单粒组料的试验结果可知,当有效净压力在 0.6 MPa 时,其嵌入量 V_m 约占极限值的 80%以上。这与张丙印等[3]的试验结果是一致的。

进一步研究 V_m—p 关系曲线,发现其曲线形态与张丙印等[3]得出的曲线形态相近。在其公式基础之上进行分析研究,发现 V_m 与 p 在 $1/V_m$—$1/\sqrt{p}$ 平面内有着较为良好的线性关系,于是构造了如下的方程来描述橡皮膜嵌入量 V_m 与有效净压力 p 之间的关系:

$$V_m = \frac{A\sqrt{p/p_a}}{1 + \sqrt{p/p_a}} \tag{2-15}$$

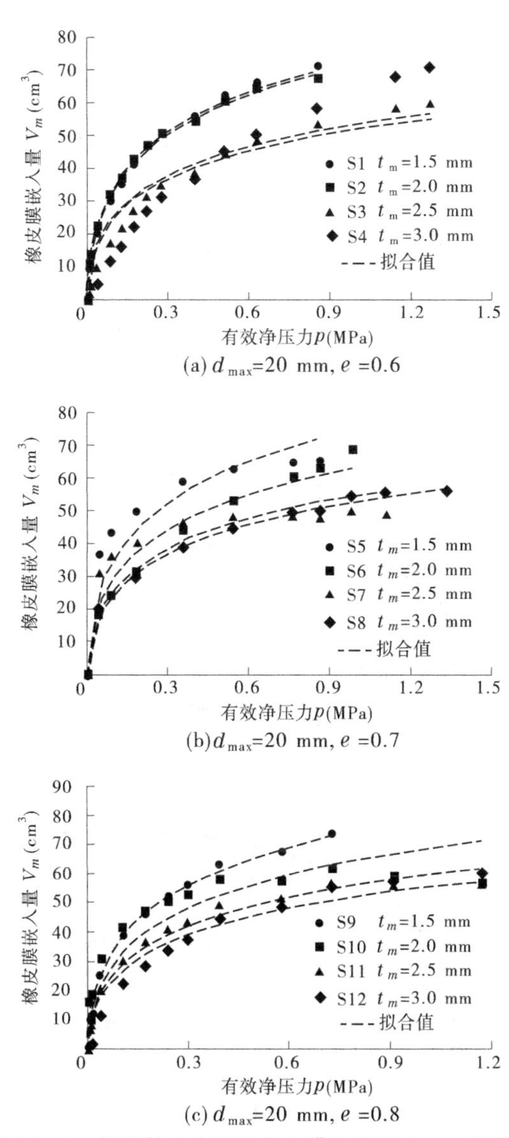

图 2.3-14　粗颗粒土在不同橡皮膜厚度下 V_m—p 关系曲线

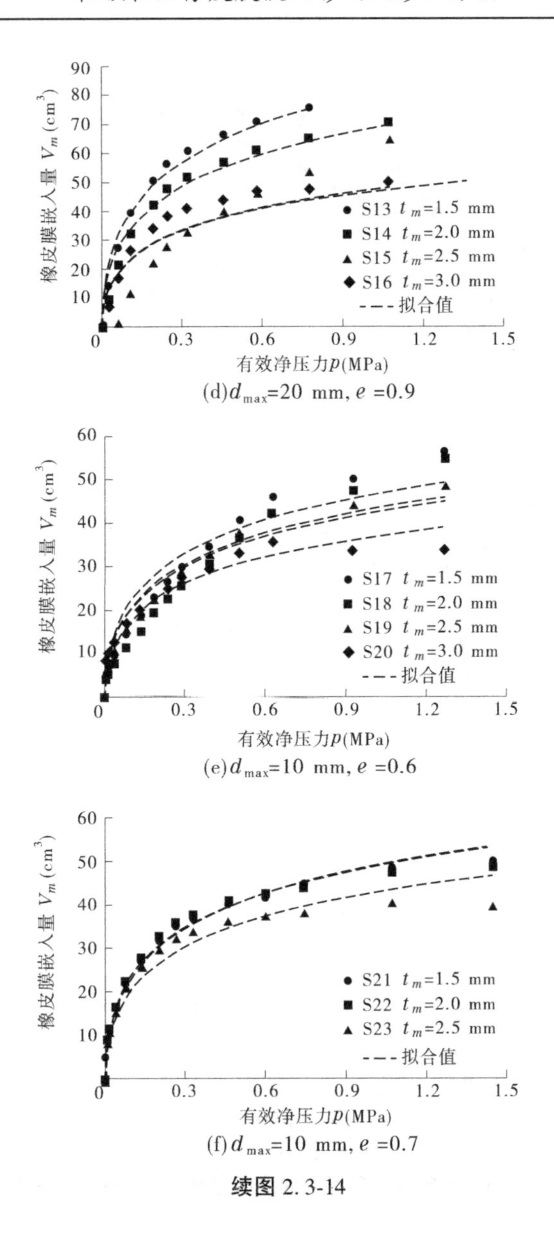

(d)d_{max}=20 mm, e =0.9

(e)d_{max}=10 mm, e =0.6

(f)d_{max}=10 mm, e =0.7

续图 2.3-14

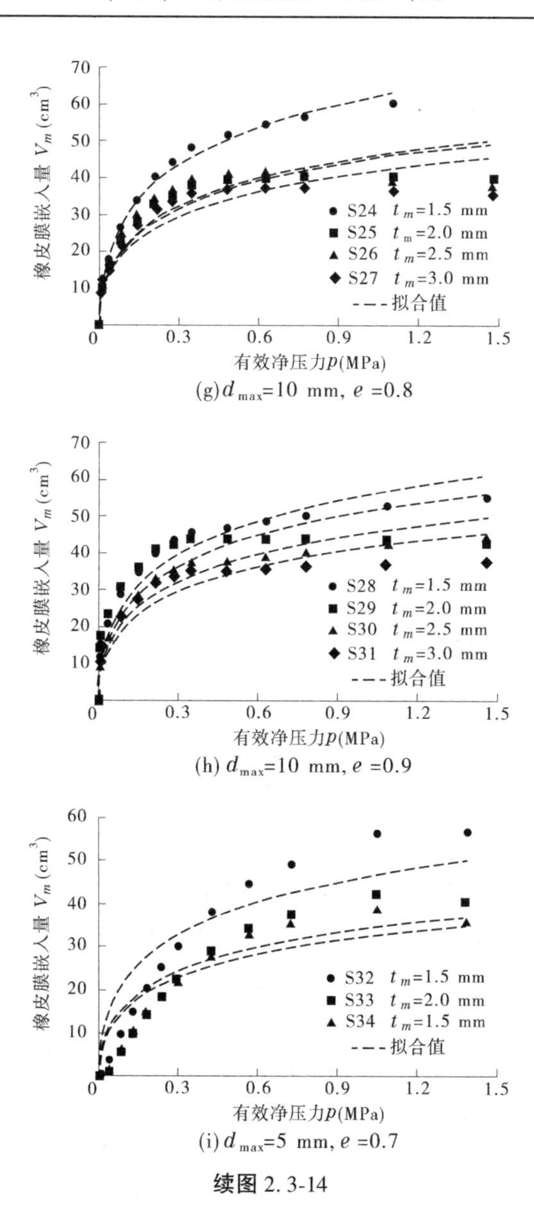

(g) d_{max}=10 mm, e =0.8

(h) d_{max}=10 mm, e =0.9

(i) d_{max}=5 mm, e =0.7

续图 2.3-14

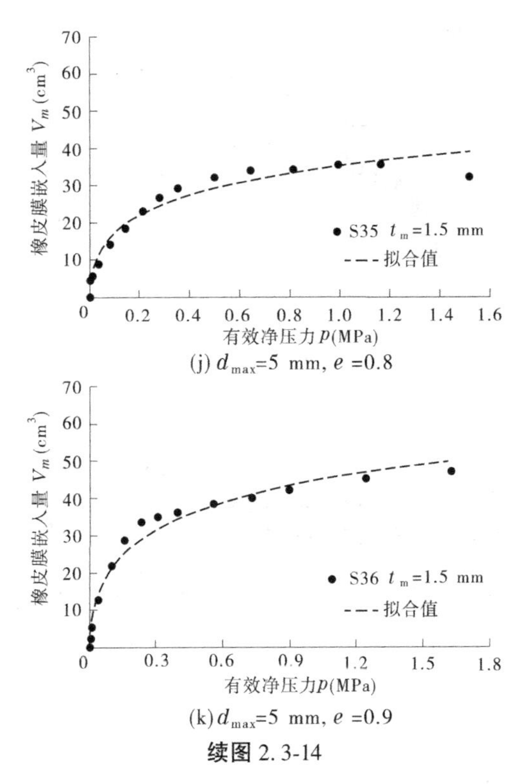

(j) d_{max}=5 mm, e =0.8

(k) d_{max}=5 mm, e =0.9

续图 2. 3-14

式中　p——有效净压力，MPa；

p_a——标准压强，MPa，取 1 MPa；

A——拟合参数，具体取值见表 2. 3-4。

需要注明的是，拟合参数 A 具有一定的物理意义。由于橡皮膜嵌入量随着围压的增大而增大，因此当有效净压力为无穷大时，嵌入量在理论上应达到极值。而 p 为无穷大时，V_m 趋近于 A，因此拟合参数 A 即为嵌入量所能达到的极限值，拟合后曲线也绘制在图 2. 3-14 之中。从图 2. 3-14 中可以看出，除少部分曲线外，拟合曲线与试验值的拟合度均较高。因此，式(2-15)可以较好地反映

表 2.3-4　V_m—p 之间关系的拟合参数

试样	拟合参数 A	R^2	试样	拟合参数 A	R^2
S1	145.181	0.993	S19	86.634	0.970
S2	143.469	0.998	S20	73.935	0.960
S3	104.489	0.953	S21	97.621	0.991
S4	107.430	0.852	S22	98.344	0.980
S5	150.396	0.905	S23	85.785	0.940
S6	126.971	0.973	S24	123.239	0.994
S7	110.367	0.777	S25	89.958	0.917
S8	106.322	0.996	S26	91.732	0.836
S9	158.637	0.996	S27	83.387	0.877
S10	136.934	0.878	S28	111.613	0.949
S11	119.168	0.984	S29	102.472	0.737
S12	110.572	0.952	S30	90.913	0.945
S13	160.950	0.951	S31	82.866	0.865
S14	136.667	0.933	S32	93.002	0.865
S15	94.774	0.728	S33	68.710	0.835
S16	93.722	0.772	S34	64.983	0.854
S17	93.263	0.939	S35	70.744	0.962
S18	84.928	0.896	S36	89.063	0.975

V_m 与 p 之间的关系。表 2.3-4 给出了式(2-15)拟合参数的具体值及相关系数。从表 2.3-4 中可以看出，对于大部分试样而言，相关系数 R^2 在 0.9 以上。说明对于本节所用土料，式(2-15)可用于预测其嵌入量与有效净压力之间的关系。

为进一步验证经验公式的合理性及适用性，利用式(2-15)对张丙印等[3]的试验数据进行拟合。将拟合后的曲线绘制于图 2.3-15,拟合参数 A 与相关系数如表 2.3-5 所示。从图 2.3-15 中可以看出,对于张丙印等所用试验土料,式(2-15)同样具有较好的拟合效果。因此,本书提出的关于 V_m 与 p 之间关系的经验公式是有着一定的合理性与普适性的。

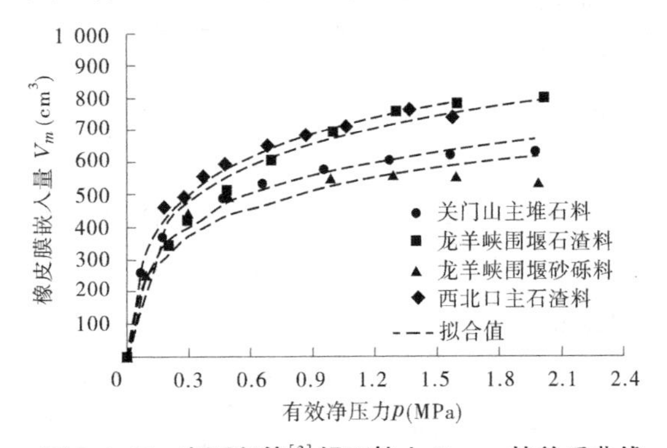

图 2.3-15 张丙印等[3]粗颗粒土 V_m—p 的关系曲线

表 2.3-5 张丙印等[3] V_m—p 的拟合参数

试样	拟合参数 A	R^2
关门山堆石料	1 152.665	0.986
龙羊峡围堰石渣料	1 352.758	0.977
龙羊峡围堰砂砾料	1 056.169	0.935
西北口主石渣料	1 415.735	0.983

2.3.5.2 初始孔隙比对橡皮膜嵌入量的影响

根据吉恩跃等[18]的研究,土体的密实度是影响橡皮膜嵌入的一个重要因素。土体在松散状态下,其表面存在较大的孔隙。在相同的压力下,橡皮膜更易嵌入到较大的孔隙之中。因此,土体的密实度越小,其橡皮膜嵌入量越大。目前为止,关于密实度这一影响因素的研究极少，因此有必要对嵌入量与密实度之间的关系做深入的研究与探讨。

描述土体密实度的方式有很多，如密度、相对密实度与孔隙比等。本书采用初始孔隙比 e 来描述试样的密实度。为比较分析初始孔隙比对橡皮膜嵌入量的影响，基于 2.3.4 部分的试验结果，将同一围压、同一厚度、同一最大粒径的试样的试验结果进行汇总，并将试验结果绘制成图 2.3-16。由图 2.3-16 可知，当有效净压力 p 相等时，随着初始孔隙比 e 的增大，橡皮膜嵌入量呈现增大的趋势。在有效净压力较低时，随着初始孔隙比 e 的增大，嵌入量的增幅较大，最大增幅达到了 60%左右。但随着净压力的增高，增幅逐渐减小，0.8 MPa 下 $e=0.9$ 的 10 mm 试样的嵌入量仅比 $e=0.6$ 同粒径的试样增大 10%左右。

上述现象的原因主要是：在有效净压力较低时，试样仅产生很小的变形，其孔隙比几乎不产生变化，试样表面的孔隙与粗糙程度也几乎没有变化，因而不同孔隙比下试样的嵌入量有着较为明显的差异。而当有效净压力逐步增大时，试样的密实程度也在发生变化，孔隙比会随着密实程度的增大而逐步变小，同时颗粒破碎也可能会使得试样表面的孔隙产生变化，细颗粒会填充到孔隙之中，因此初始孔隙比较大的试样，其嵌入量的增量随着净压力的增大，会有所减小，但总体嵌入量还是增加的趋势，从而造成了前述所说的仅增大 10%左右的现象。

为进一步分析初始孔隙比 e 对嵌入量 V_m 影响规律，本书通过大量的分析研究，发现两者近似呈现如下的关系：

$$V_m = me^k \tag{2-16}$$

式中　e——试样的初始孔隙比；

m、k——试验的拟合参数，其值可见表 2.3-6。

由表 2.3-6 可以看出，式(2-16)的拟合结果良好，拟合误差最大在 10%以内。

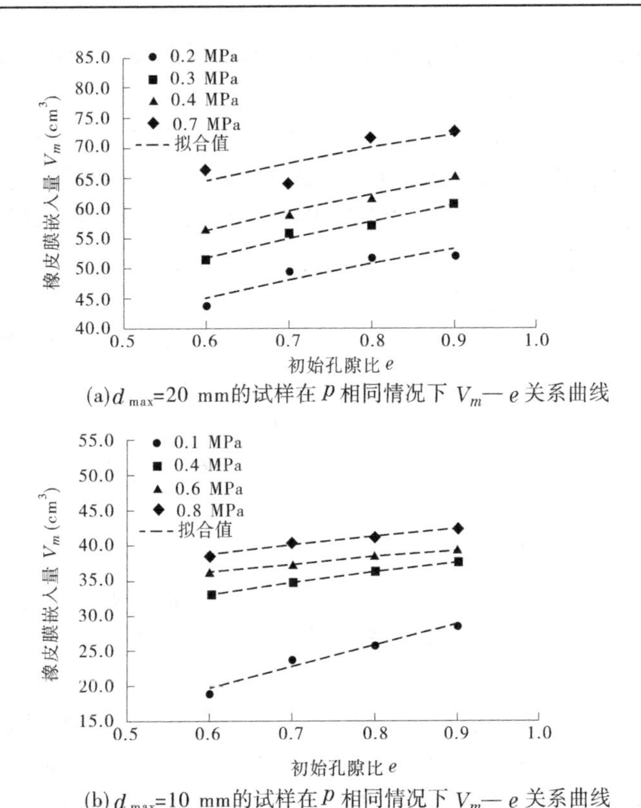

(a) d_{max}=20 mm的试样在 p 相同情况下 V_m—e 关系曲线

(b) d_{max}=10 mm的试样在 p 相同情况下 V_m—e 关系曲线

图 2.3-16 粗颗粒土在 p 相同情况下 V_m—e 关系曲线

2.3.5.3 橡皮膜厚度对嵌入量的影响

关于橡皮膜厚度对嵌入量的影响，目前还存在争议。Kickbusch 等[41]对五种土（d_{50} 为 0.002～0.400 mm）进行不同厚度（0.1 mm、0.2 mm 与 0.5 mm）的橡皮膜嵌入试验，发现橡皮膜的厚度对嵌入量影响较小。随后 Martin 等[42]利用不同厚度的橡皮膜（0.051～0.510 mm）对 Ottawa 砂进行实验，也得出了相同的结论。Nicholson 等[8]认为厚度的影响程度与特征粒径相关，只

表 2.3-6　m、k 拟合参数

有效净压力 p(MPa)	拟合参数 m	拟合参数 k	R^2
0.2	55.559	0.408	0.806
0.3	62.969	0.383	0.953
0.4	67.351	0.349	0.968
0.7	74.476	0.275	0.497
0.1	31.829	0.940	0.945
0.4	39.066	0.333	0.995
0.5	40.153	0.204	0.994
0.8	43.505	0.230	0.980

有当 d_{20} 大于橡皮膜厚度一定程度时，其影响可以忽略。另外，Zhang[43] 对 Unimin 砂与 Ottawa 砂进行橡皮膜嵌入体积测量，发现两种土在 0.33 mm 厚度下的橡皮膜嵌入体积约为 0.62 mm 时的 2~3 倍。由此可见，目前对橡皮膜厚度的影响尚没有定论，需要进一步的研究来揭示其影响规律。同时，也注意到目前的研究主要集中于细颗粒土，对于粗颗粒土的研究极少。因此，进行不同厚度的粗颗粒土橡皮膜嵌入试验的研究是十分有必要的。

本书进行了 4 种(1.5 mm、2 mm、2.5 mm 与 3 mm)厚度下的橡皮膜嵌入试验。从 2.3.4 部分的图 2.3-10 中可以看出，橡皮膜厚度对嵌入量有显著影响。在同一有效净压力 p 下，橡皮膜厚度越大，其嵌入量越小。这符合一般认知。橡皮膜越厚，单位面积上抵抗变形的能力越强。因此，在相同净压力条件下，较厚的橡皮膜产生较小的变形，反映在体变上即嵌入量也较小。但图 2.3-10 仅给出了随有效净压力变化的总体趋势，无法用于定量地研究单一厚度因素对嵌入量的影响。基于此，图 2.3-17 总结了相同有效净

压力 p 下的嵌入量与厚度的关系曲线。由于试验组数过多，出于篇幅的考虑，仅选取部分试样的试验值进行研究与分析。

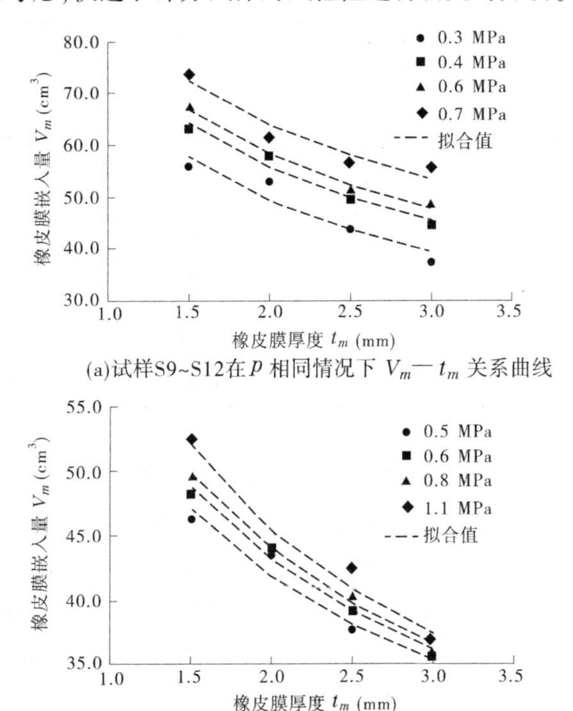

(a)试样S9~S12在 p 相同情况下 V_m—t_m 关系曲线

(b)试样S28~S31在 p 相同情况下 V_m—t_m 关系曲线

图 2.3-17　粗颗粒土在 p 相同情况下 V_m—t_m 关系曲线

由图 2.3-17 可以看出，当有效净压力 p 相同时，嵌入量 V_m 随着橡皮膜厚度 t_m 的增大基本呈现减小的趋势。高有效净压力 p 下嵌入量 V_m 随厚度变化的趋势线与低净压力下的趋势线相似。$t_m=1.5$ mm 试样的嵌入量与 $t_m=3$ mm 同粒径试样的嵌入量的差异最大可达 50%左右。由此可见，橡皮膜厚度对嵌入量有着较大的影响。继续对 V_m—t_m 关系进行深入分析，发现 V_m—$1/t_m$ 有着较为良好的幂函数关系。两者之间的关系可以用下式来表述：

$$V_m = \frac{\alpha}{t_m^{\beta}} \tag{2-17}$$

其中，α 与 β 均为拟合参数。α、β 及相关系数 R^2 列于表 2.3-7。

表 2.3-7　V_m—t_m 的拟合参数

试样	有效净压力 p (MPa)	拟合参数 α	拟合参数 β	R^2
S9 ~ S12	0.3	72.234	0.551	0.851
	0.4	78.657	0.499	0.945
	0.6	81.379	0.483	0.990
	0.7	86.467	0.438	0.908
S28 ~ S31	0.5	55.667	0.412	0.925
	0.6	58.057	0.429	0.977
	0.8	59.859	0.447	0.990
	1.1	62.958	0.471	0.933

从图 2.3-17 中可以看出，式(2-17)的拟合效果较为良好。除部分点外，其余试验值的相关系数 R^2 均在 0.93 以上。显然，对于本节试验所用土料，在有效净压力相同的情况下，V_m—$1/t_m$ 的关系可以用幂函数的形式来表述。

2.3.5.4　有效粒径对橡皮膜嵌入量的影响

关于级配条件对橡皮膜嵌入量的影响，国内外学者取得了较多的研究成果。但在表征级配条件方面仍然缺乏共识，如孙益振等[44]、Tokimatsu 等[45]多数学者选择采用 d_{50} 来表征级配条件，而 Nicholson[8]、Seed 等[46]则认为 d_{20} 更为合理一些。同时，从以往的研究中可以发现，作为研究对象的土体大多为细粒土，其特征粒径 d_{50} 主要分布在 0.1 ~ 3 mm。而对于粗颗粒土的研究则少之又少。因此，以粗颗粒土作为研究对象，进行级配对嵌入量的影响研究是十分必要的。

由于试样为单粒组试样，在粒组范围内其粒径是均匀分布的，故采用平均粒径 d_{50} 来表征土体的级配条件。本书单粒组试样的粒径区间分别为 10～20 mm、5～10 mm 及 2～5 mm，采用 d_{50} 来表征后，其平均粒径分别为 15 mm、7.5 mm 以及 3.5 mm。将 2.3.4 节中同一橡皮膜厚度、同一初始孔隙比、不同最大粒径的试样的试验结果进行汇总整理，得到如图 2.3-18 所示的关系曲线。从图中可以看出，相同有效净压力 p 下，级配条件对橡皮膜嵌入量有十分显著的影响，不同 d_{max} 试样的 V_m—p 的关系曲线存在较大的差异。总体来看，随着 d_{max} 的增大，嵌入量呈现增大的趋势。d_{max} = 20 mm 试样的嵌入量约为 d_{max} = 5 mm 试样的 1～2 倍。

为进一步研究级配条件对橡皮膜嵌入量的影响，对图 2.3-18 中的试验结果进行整理，得出试样在同一有效净压力下，对应不同平均粒径 d_{50} 的橡皮膜嵌入量 V_m，如图 2.3-19 所示。需要说明的是，由于仅针对三种粒径的单粒组试样进行试验，因此只能得出同净压力下三个点的试验值。

由图 2.3 19 可以清楚地看出，在 p 相同的情况下，随着平均粒径 d_{50} 的增大，V_m 呈现增大的趋势，且增幅较大。d_{50} 增大了 4 倍，其嵌入量增大了 1 倍左右。除此之外，比对各级净压力下的变化趋势线，发现趋势线均呈现相似的变化规律。通过研究发现，同等净压力条件下，V_m—d_{50} 的关系曲线可用下式来表述：

$$V_m = gd_{50}^{\lambda} \tag{2-18}$$

其中，g、λ 均为拟合参数。

表 2.3-8 列出了拟合参数 g、λ 的具体数值，并将拟合曲线绘制在图上。在图 2.3-19 中可以看出，拟合曲线与试验点的吻合程度较高。相关系数 R^2 均在 0.9 以上，并且绝大部分在 0.95 以上。与对应的试验点相比，式(2-18)所预测数据的误差最大不超过 10%。因此，对于本节试验所用土料，式(2-18)可以较好地反映 V_m 与 d_{50} 之间的关系。

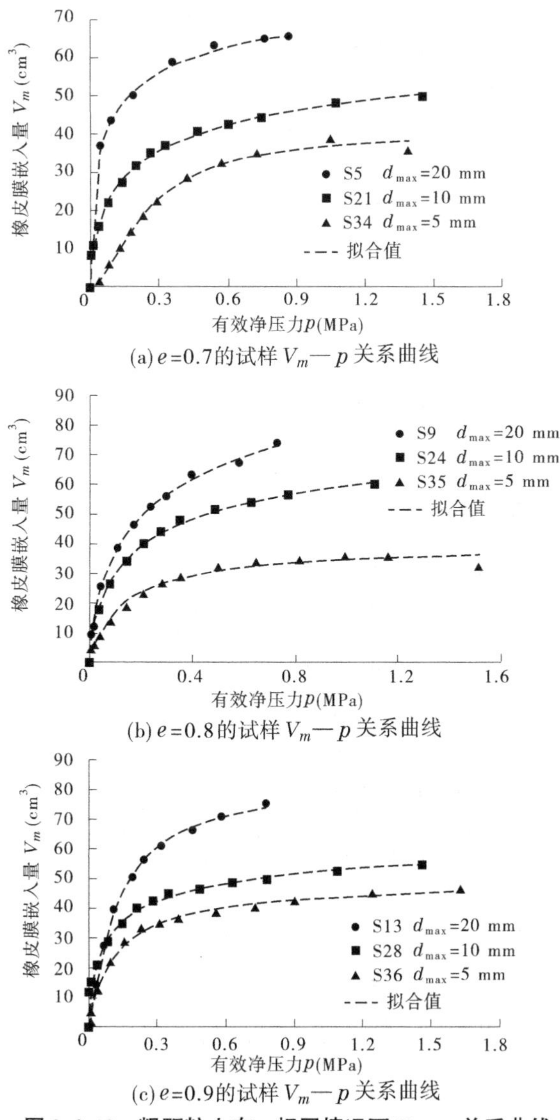

(a) e=0.7的试样 V_m—p 关系曲线

(b) e=0.8的试样 V_m—p 关系曲线

(c) e=0.9的试样 V_m—p 关系曲线

图 2.3-18　粗颗粒土在 p 相同情况下 V_m—p 关系曲线

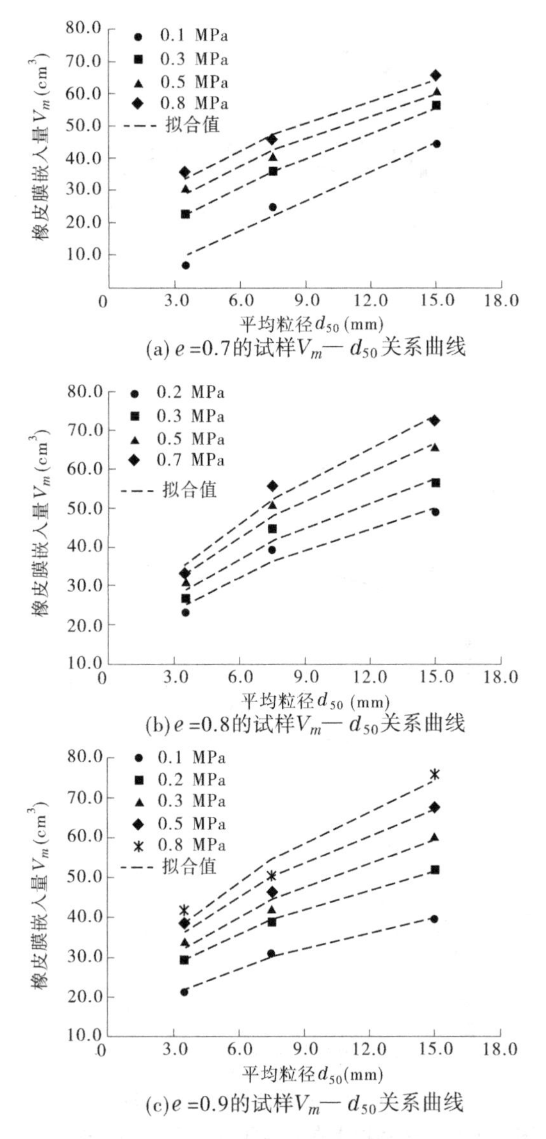

图 2.3-19 粗颗粒土在 e 不同情况下 V_m— d_{50} 关系曲线

表 2.3-8　V_m—d_{50} 的拟合参数

有效净压力 p(MPa)	拟合参数 g	拟合参数 λ	R^2
0.1	2.695	1.041	0.953
0.3	10.048	0.633	0.998
0.5	15.551	0.500	0.974
0.8	19.302	0.446	0.970
0.2	13.904	0.474	0.905
0.3	15.946	0.474	0.925
0.5	18.131	0.482	0.948
0.7	18.960	0.501	0.946
0.1	13.489	0.402	0.980
0.2	18.287	0.384	0.995
0.3	19.642	0.409	0.948
0.5	21.395	0.423	0.919
0.8	22.618	0.438	0.904

2.3.5.5　径厚比对橡皮膜嵌入量的影响

第 1 章中提到,Nicholson 等[8]认为橡皮膜厚度的影响程度与特征粒径相关,当特征粒径 d_{20} 大于橡皮膜厚度一定程度时,其影响是可以忽略的。这是因为当橡皮膜厚度一定时,若特征粒径较大,则土体表层所产生的孔隙也较大,较薄的橡皮膜在净压力的作用下会完全嵌入表层的孔隙之中,这时即使粒径继续增大,但由于橡皮膜已经完全嵌入至孔隙之中,因此其嵌入量变化不大。若特征粒径较小，土体表层的孔隙不足以使得较厚的橡皮膜嵌入，但随着粒径的增大，橡皮膜逐渐可以完全嵌入至孔隙之中，此时嵌入量也会逐渐增大。因此，当特征粒径与橡皮膜厚度的比值(简称径厚比)小于一定值时，随着比值的变化，嵌入量也在发生变化，但当径厚比大于一定值时，随着比值的变化，嵌入量则变化不大。从国内外的研究成果来看，径厚比方面的研究极少。本部分在 2.3.4 部分的基础之上，研究讨论径厚比对橡皮膜嵌入量的影响。

整理 2.3.4 部分同一净压力、同一孔隙比下橡皮膜厚度影响的试验结果。以特征粒径 d_{50} 与橡皮膜厚度 t_m 的比值(径厚比)为横坐标轴，以橡皮膜嵌入量 V_m 作为纵坐标轴，绘制 $V_m—d_{50}/t_m$ 关系曲线，如图 2.3-20 所示。从图 2.3-20 中可以看出，当径厚比 d_{50}/t_m 增大时，嵌入量 V_m 明显呈现出增大的趋势。这与 Nicholson 等所提出的结论不一致。出现这种情况可能是因为径厚比还未达到使嵌入量不变的极限值。虽然粗颗粒土粒径较大，但橡皮膜的厚度同样也很大，最薄的橡皮膜也有 1.5 mm 厚。因此，在 $d_{50}/t_m=10$ 的情况下，较厚的橡皮膜可能没有嵌入完全，导致嵌入量还呈现增长的趋势。若要得知 $d_{50}/t_m>10$ 以后的变化趋势，还需专门通过试验予以确定。

进一步研究 $V_m—d_{50}/t_m$ 的关系，发现其试验值具有一定的规律性。经过研究分析，发现幂函数可以较好拟合两者的关系，即

$$V_m=\mu\left(\frac{d_{50}}{t_m}\right)^{0.5} \tag{2-19}$$

其中，t_m、d_{50} 的单位均为 mm；μ 为拟合参数，其值见表 2.3-9。

图 2.3-20 对试验值与式(2-19)的拟合值进行了对比，发现两者的吻合程度较高，因此式(2-19)能较好地反映 V_m 与 d_{50}/t_m 的关系。

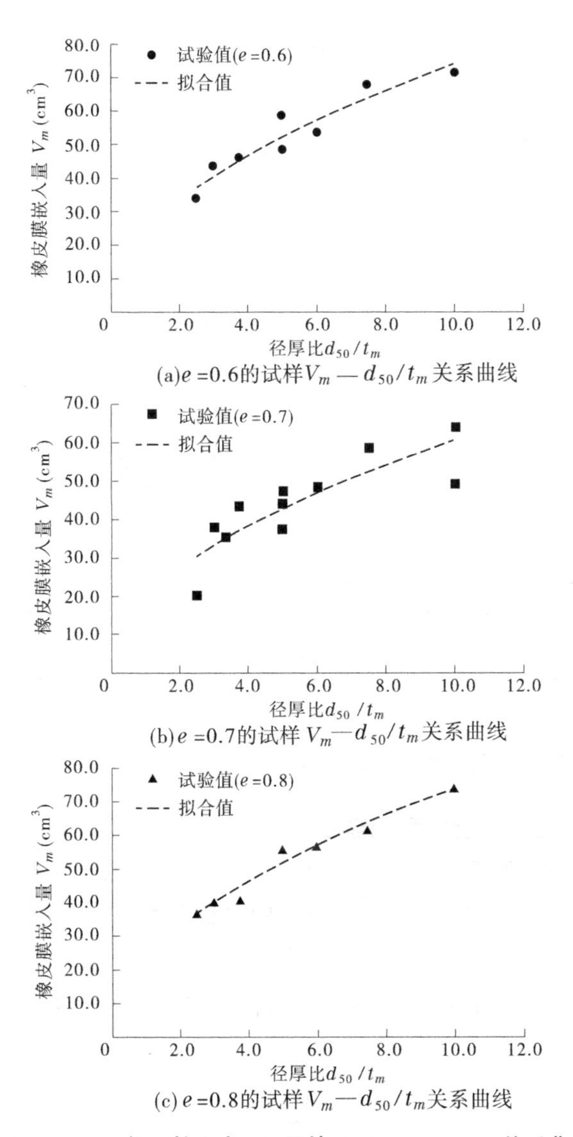

图 2.3-20 粗颗粒土在 e 不同情况下 V_m— d_{50}/t_m 关系曲线

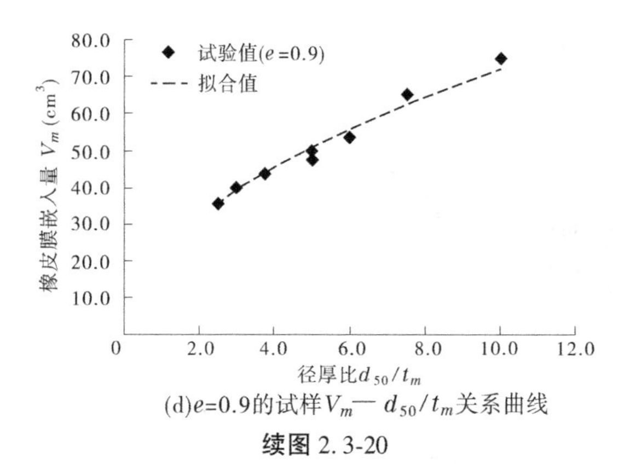

(d)e=0.9的试样V_m— d_{50}/t_m关系曲线

续图 2.3-20

表 2.3-9　V_m—d_{50}/t_m 关系的拟合参数

参数值	初始孔隙比 e			
	0.6	0.7	0.8	0.9
拟合参数 μ	23.394	19.175	23.311	22.917
R^2	0.899	0.712	0.953	0.971

2.3.6　修正经验模型及验证

2.3.6.1　修正经验模型的建立

前述对各影响因素(有效净压力 p、初始孔隙比 e、橡皮膜厚度、级配条件、径厚比)进行了深入的分析与研讨,发现橡皮膜嵌入量与各影响因素之间均呈现较为良好的规律性。嵌入量 V_m 与有效净压力 p 在 $1/V_m$—$1/\sqrt{p}$ 平面内有着较为良好的线性关系,两者的关系可用下式来描述:

$$V_m = \frac{A\sqrt{p/p_a}}{1 + \sqrt{p/p_a}} \tag{2-20}$$

式中　p——有效净压力，MPa；

p_a——标准压强，MPa，取1 MPa；

A——拟合参数，其值可通过试验得出。

而嵌入量与初始孔隙比 e 之间有着比较良好的幂函数关系，其关系式如下：

$$V_m = me^k \tag{2-21}$$

其中，m、k 为拟合参数，其值可通过试验得出。

嵌入量 V_m 与橡皮膜厚度 t_m 及平均粒径 d_{50} 之间的关系，可以用2.3.5部分关于径厚比的经验公式来综合考虑：

$$V_m = \mu\left(\frac{d_{50}}{t_m}\right)^{0.5} \tag{2-22}$$

其中，t_m、d_{50} 的单位均为 mm；μ 为拟合参数，其值可通过试验得出。

由2.3.5部分对各影响因素的研究可以发现，研究主要采用控制变量法来探求各因素对嵌入量的影响，即在研究单个因素时，其他因素均不发生改变。因此，在研究单因素的影响规律时，所得经验公式中的拟合参数即可以考虑其他因素的影响。如在式(2-22)中拟合参数 μ 即考虑了有效净压力 p、初始孔隙比 e、橡皮膜厚度 t_m、平均粒径 d_{50} 的影响。因为在研究径厚比这一影响因素的过程中，上述提到的其他影响因素均为一个不发生任何变化的常数。那么，最终嵌入量的表达式可以由各影响因素下的经验公式以互相组合的形式得出。组合后的嵌入量表达式如下所示：

$$V_m = \frac{ke^{\theta}}{1 + (p/p_a)^{0.5}}\left(\frac{pd_{50}}{E_m t_m}\right)^{0.5} \tag{2-23}$$

其中，p_a 为标准压强，取1 MPa；t_m、d_{50} 的单位均为 mm；k、θ 为拟合参数，其值可通过试验得出。

若使用 k、θ 双参数对试验数据进行拟合，会导致参数间依赖性较高,拟合无法收敛。因此,需确定其中一个参数的具体数值。由前述表可以看出,拟合参数 θ 值基本分布在 0.2~0.4。为减少参数的个数,拟合参数 θ 取分布区间的中间值,即 $\theta=0.3$。可得

$$V_m = \frac{ke^{0.3}}{1+(p/p_a)^{0.5}}\left(\frac{pd_{50}}{E_m t_m}\right)^{0.5} \tag{2-24}$$

至此,能综合反映各影响因素的橡皮膜嵌入量经验计算模型已初步构建完成。接下来,只需根据试验结果,确定式(2-24)中拟合参数 k 的具体数值。

对于直径不同的试样,可先计算单位体积的嵌入量,之后再乘以试样的体积来得出橡皮膜的嵌入总量。单位体积橡皮膜嵌入量可表示为

$$\varepsilon_m = \frac{k}{V_0}\frac{e^{0.3}}{1+(p/p_a)^{0.5}}\left(\frac{pd_{50}}{E_m t_m}\right)^{0.5} \tag{2-25}$$

式中 V_0——中三轴试样的初始体积。

对于三轴试验来说,圆柱体面积 A_m 与体积 V_0 之间有如下关系:

$$\frac{A_m}{V_0} = \frac{4}{D} \tag{2-26}$$

由式(2-26)可得单位面积下橡皮膜嵌入量的表达式:

$$\Delta v_m = \frac{kD}{4V_0}\frac{e^{0.3}}{1+(p/p_a)^{0.5}}\left(\frac{pd_{50}}{E_m t_m}\right)^{0.5} \tag{2-27}$$

式中 D——中三轴试样的直径。

需要注明的是,本节的经验模型为能反映多因素耦合影响的单参数模型,适用于三轴等向固结试验及三轴等应力比试验的橡皮膜嵌入量修正。

2.3.6.2 模型验证

根据 2.3.4 部分的试验数据,利用式(2-27)对试样 S1~S36 的橡皮膜嵌入量进行拟合,拟合结果如图 2.3-21 所示。拟合参数

k 的值及相关系数列于表 2.3-10 中。从图 2.3-21 中可以看出,对于大部分土料,式(2-27)均有着较为良好的拟合效果。同时也可以发现,对 $d_{max}=5$ mm,$e=0.7$ 的试样,整体的拟合效果也较为一般。不过,总体来看,试验值与拟合值的误差并不算大。对于大部分试样,拟合误差一般约在 10%以内,最大约在 25%。因此,对于本节所研究的单颗粒组试样,式(2-27)可用于橡皮膜嵌入效应的修正。

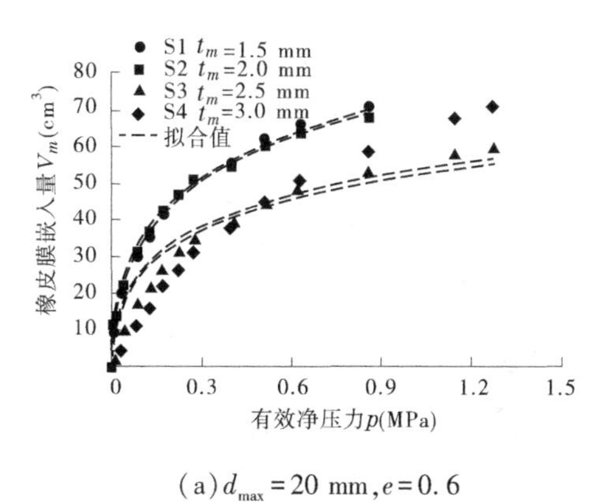

(a) $d_{max}=20$ mm,$e=0.6$

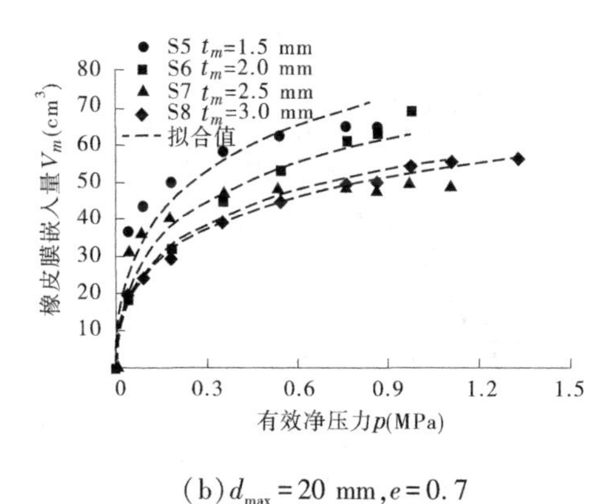

(b) $d_{max}=20$ mm,$e=0.7$

图 2.3-21　试样 S1~S36 的 V_m—p 关系拟合曲线

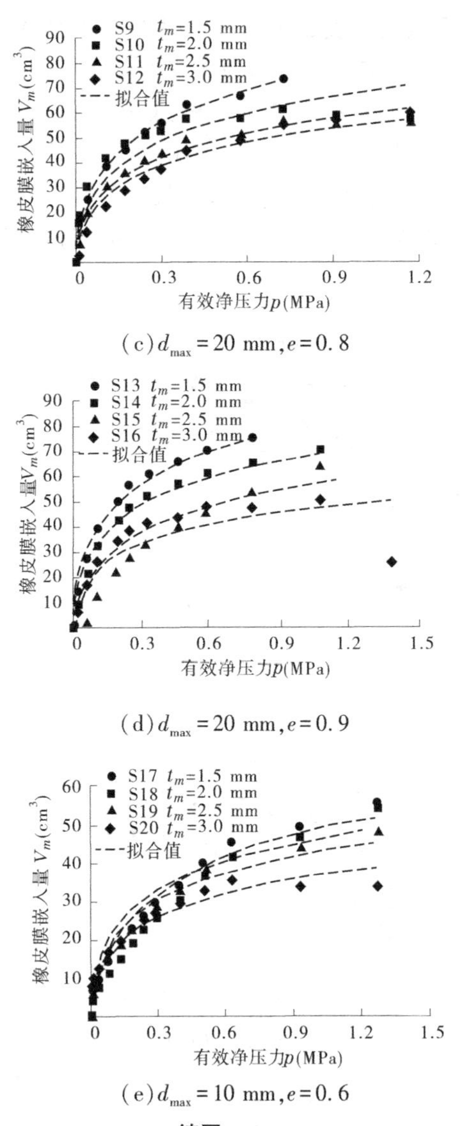

(c) d_{max} = 20 mm, e = 0.8

(d) d_{max} = 20 mm, e = 0.9

(e) d_{max} = 10 mm, e = 0.6

续图 2.3-21

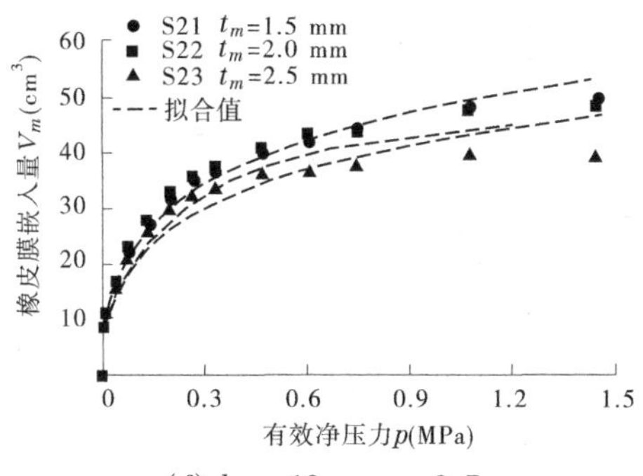

(f) $d_{\max}=10$ mm, $e=0.7$

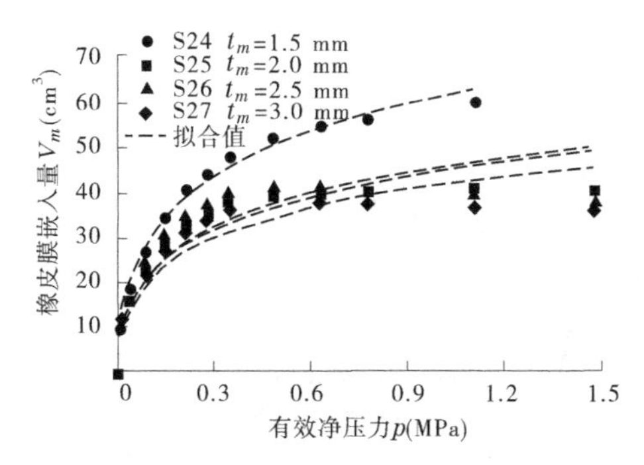

(g) $d_{\max}=10$ mm, $e=0.8$

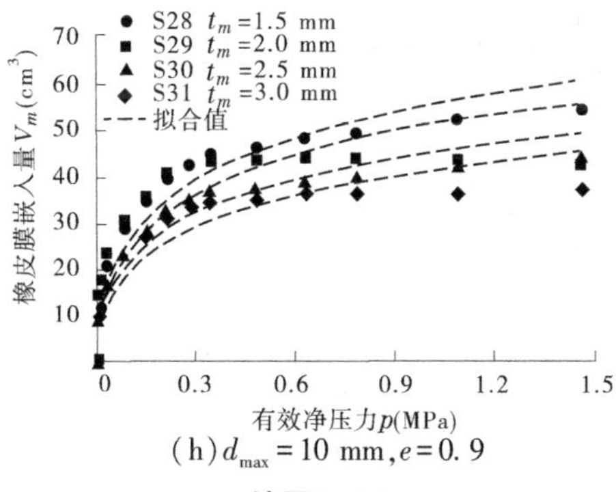

(h) $d_{\max}=10$ mm, $e=0.9$

续图 2.3-21

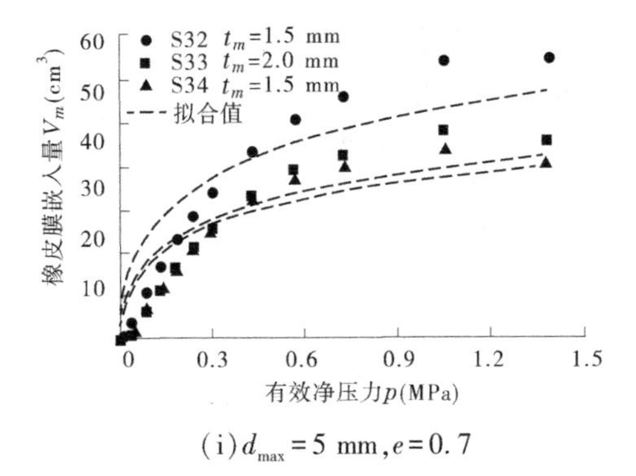

(i) d_{max} = 5 mm, e = 0.7

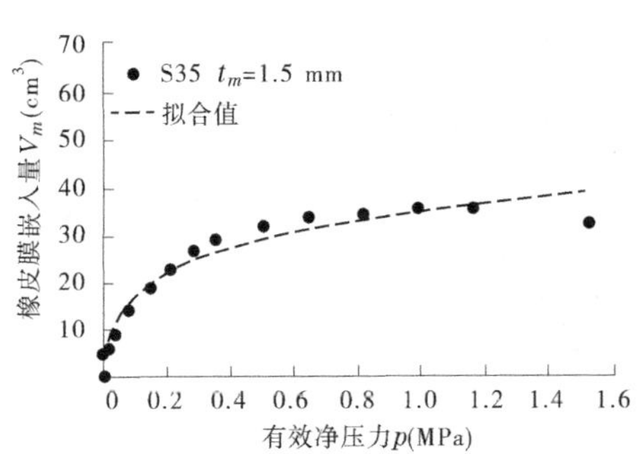

(j) d_{max} = 5 mm, e = 0.8

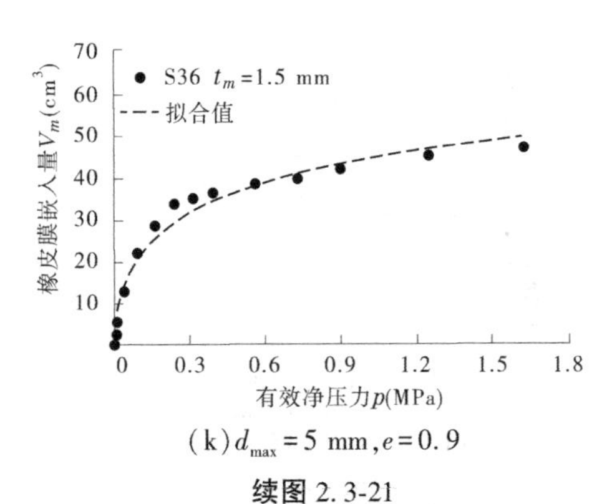

(k) d_{max} = 5 mm, e = 0.9

续图 2.3-21

表 2.3-10　试样 S1～S36 的拟合参数 k 与相关系数

试样	拟合参数 k	R^2	试样	拟合参数 k	R^2
S1	58.131	0.993	S19	64.922	0.970
S2	67.170	0.998	S20	61.181	0.960
S3	55.368	0.953	S21	52.780	0.991
S4	62.861	0.852	S22	62.172	0.980
S5	57.497	0.905	S23	61.381	0.940
S6	56.759	0.973	S24	64.014	0.994
S7	55.840	0.777	S25	54.638	0.917
S8	59.401	0.996	S26	63.059	0.836
S9	58.266	0.996	S27	63.297	0.877
S10	58.809	0.878	S28	55.962	0.949
S11	57.925	0.984	S29	60.077	0.737
S12	59.350	0.952	S30	60.326	0.945
S13	57.064	0.951	S31	60.719	0.865
S14	56.657	0.933	S32	41.770	0.865
S15	44.468	0.728	S33	44.024	0.835
S16	48.559	0.772	S34	51.431	0.854
S17	52.810	0.939	S35	53.791	0.962
S18	56.232	0.896	S36	65.370	0.975

进一步对表 2.3-10 中拟合参数 k 进行研究,发现对于 70%~80%的试样,其 k 值均在 55~65。若取其中间值,即 $k=60$ 对曲线进行拟合,发现对于绝大部分试样而言,拟合值与试验值的差异一般在 5%~25%。因此,对于本节所研究的双江口坝壳堆石料,拟合参数 k 取 60 可以满足一般估算的要求。

2.4 本章小结

本章在国内外已有研究成果的基础上提出了三种室内试验测试粗颗粒土橡皮膜嵌入量的试验新方法,分别是内置铁棒法、多尺度三轴试验法及 K_0 试验法。分别基于三种试验结果深入分析了橡皮膜嵌入量与试验围压、排水量等变量之间的关系,并利用试验数据进行了相关解析解及经验公式的验证。主要结论如下:

(1)在中三轴试样中埋置不同直径铁棒的方法进行等向固结试验可反推求得橡皮膜嵌入量;随着围压的增大,膜嵌入量逐渐增大,试验初期,嵌入量增加比较快,大部分的嵌入发生在前期,约 0.8 MPa 后,嵌入量的增速变缓。从试验的全程来看,嵌入量占实时总排水量的比例可达到 31.0%~40.7%;由于粗颗粒土的各向异性,基于试样各向同性的方法总体高估了膜嵌入的大小,随着围压的增大各向异性减弱,围压为 2 MPa 时嵌入量差异仅有 0.22% 的体变,因此试验围压接近 2 MPa 时采用此方法进行修正产生的误差较小。

(2)多尺度三轴试验结果表明,橡皮膜的嵌入量随围压的增大而增大,与其围压大体呈幂函数关系;相同围压下,随着试样直径的增加,橡皮膜的嵌入量占总体变的比例减小;试样直径相同,围压变化对橡皮膜的嵌入量的影响明显小于试样直径变化的影响,且随着试样直径的增大,影响逐渐降低;建议堆石料的强度变形试验,应尽可能采用较大直径的试样进行,以降低橡皮膜嵌入量对其试验结果的影响;对比堆石料与砂砾石料试验结果发现,颗粒组成对试样土体体积变形及橡皮膜嵌入量均具有重要影响。

(3)通过刚性壁的新型 K_0 试验仪及柔性壁的三轴试验仪进行 K_0 试验,对两种 K_0 试验的试验结果进行对比分析研究,可计算得出橡皮膜嵌入量;研究发现有效净压力、初始孔隙比、橡皮膜厚度、有效粒径及径厚比对橡皮膜嵌入量影响最大,并给出了其影响关系表达式;建立了一个能反映多因素耦合影响的单参数模型,并且利用试验数据验证了该模型的准确性与可靠性。

参考文献

[1] Roscoe K H, Schofield A N, Thurairajah A. An evaluation of test data for selecting a yield criterion for soils[M]. ASTM International, 1964.

[2] 中华人民共和国住房和城乡建设部,国家市场监督管理总局. 土工试验方法标准:GB/T 50123—2019[S]. 北京:中国计划出版社,2019.

[3] 张丙印, 吕明治, 高莲士. 粗粒料大型三轴试验中橡皮膜嵌入量对体变的影响及校正[J]. 水利水电技术, 2003(2): 30-33.

[4] Newland P L, Allely B H. Volume changes in drained taixial tests on granular materials[J]. Geotechnique, 1957, 7(1): 17-34.

[5] 施维成,朱俊高,何顺宾,等. 粗粒土应力诱导各向异性真三轴

试验研究[J].岩土工程学报,2010,32(5):810-814.

[6] 齐阳,唐新军,李晓庆.粗粒土应力诱发各向异性真三轴试验颗粒流模拟研究[J].岩土工程学报,2015,37(12):2292-2300.

[7] Frydman S, Zeitlen J G, Alpan I. The membrane effect in triaxial testing of granular soils[J]. Journal of Testing and Evaluation, 1973, 1(1): 37-41.

[8] Nicholson P G, Seed R B, Anwar H R. Elimination of membrane compliance in undrained triaxial testing[J]. Measurement and evaluation, Canadian Geotechnical Journal, 1993, 30(5): 727-738.

[9] Molenkamp F, Luger H J. Modelling and minimization of membrane penetration effects in tests on granular soils[J]. Geotechnique, 1981, 31(4): 471-486.

[10] Baldi G, Nova R. Membrane penetration effects in triaxial testing[J]. Journal of Geotechnical engineering, 1984, 110(3): 403-420.

[11] Kramer S L, Sivaneswaran N. A nondestructive, specimen-specific method for measurement of membrane penetration in the triaxial tests[J]. Geotechnical Testing Journal, 1989, 12(1), 50-59.

[12] Kramer S L, Sivaneswaran N, Davis R O. Analysis of membrane penetration in triaxial test[J]. Journal of Engineering Mechanics, 1990, 116(4): 773-789.

[13] Kickbusch M, Schuppener B. Membrane penetration and its effect on pore pressures[J]. Journal of the Soil Mechanics and

Foundations Division, 1977, 103(11): 1267-1279.

[14] Timoshenko S P, Woinowsky, Krieger S. Theory of plates and shells[M]. Tokyo: McGraw-hill, 1959.

[15] Ali S R, Pyrah I C, Anderson W F. A novel technique for evaluation of membrane penetration[J]. Geotechnique, 1995, 45(3): 545-548.

[16] 贾宇峰, 迟世春, 杨峻, 等. 粗粒土的破碎耗能计算及影响因素[J]. 岩土力学, 2009, 30(7): 1960-1966.

[17] Noor M J M, Nyuin J D, Derahman A. A graphical method for membrane penetration in triaxial tests on granular soils[J]. J. Inst. Eng, Malaysia, 2012, 73(1): 23-30.

[18] 吉恩跃, 朱俊高, 王青龙, 等. 粗颗粒土橡皮膜嵌入试验研究[J]. 岩土工程学报, 2018, 40(2): 346-352.

[19] 姜安龙, 郭云英, 高大钊. 静止土压力系数研究[J]. 岩土工程技术, 2003(6): 354-359.

[20] Marchetti S. In situ tests by flat dilatometer[J]. Journal of the Geotechnical Engineering Division, ASCE, 1980, 106(GT4): 299-321.

[21] 王运霞. 地基的原位应力状态与侧压力系数 K_0 取值分析[J]. 矿产勘查, 2001(7): 60-62.

[22] 唐世栋, 肖勇, 王松平. 杭州地区用扁铲侧胀试验求解静止侧压力系数 K_0 的研究[J]. 工程勘察, 2009, 37(7): 5-9.

[23] Tezarghi. Old earth pressure theories and new test results[J]. Engineering News-Record, 1920, 85(14): 632-637.

[24] 朱俊高, 陆阳洋, 蒋明杰, 等. 新型静止侧压力系数试验仪的研制与应用[J]. 岩土力学, 2018, 39(291): 362-367.

[25] 赵玉花，沈日庚，李青. 软黏土侧压力系数 K_0 阶段性特征研究[J]. 岩土力学，2008，29(5)：1264-1268.

[26] 肖先波. 含气砂土静止侧压力系数的试验研究[J]. 水文地质工程地质，2010，37(2)：76-78.

[27] 罗耀武，凌道盛，陈云敏，等. 土体 K_0 加卸载过程中水平应力变化研究[J]. 工业建筑，2010，40(7)：56-58.

[28] 李国维，胡坚，陆晓岑，等. 超固结软黏土一维蠕变次固结系数与侧压力系数[J]. 岩土工程学报，2012，34(12)：2198-2205.

[29] 莫玮宏，陈晓平，罗庆姿. K_0 等比固结条件下软土的变形[J]. 岩土工程学报，2013，35(S2)：798-803.

[30] Brooker E W, Ireland H O. Earth Pressures at Rest Related to Stress History[J]. Canadian Geotechnical Journal, 1965, 2(1): 1-15.

[31] Simpson B. Retaining structures: displacement and design[J]. Géotech nique, 1992, 42(4): 541-576.

[32] Sarma S K, Tan D. Determination of critical slip surface in slope analysis[J]. Géotechnique, 2002, 56(8): 539-550.

[33] Hughes D, Gallagher G, Et Al Sivakumar V. An assessment of the earth pressure coefficient in overconsolidated clays[J]. Géotechnique, 2009, 59(10): 825-838.

[34] Gao Y, Wang Y H. Calibration of tactile pressure sensors for measuring stress in soils[J]. Geotechnical Testing Journal, 2013, 36(4): 1-7.

[35] Lee J, Lee D, Park D. Experimental investigation on the coefficient of lateral earth pressure at rest of silty sands: effect of fines

[J]. Geotechnical Testing Journal, 2014, 37(6): 967-979.

[36] Wang J J, Yang Y, Et Al Bai J. Coefficient of earth pressure at rest of a saturated artificially mixed soil from oedometer tests [J]. KSCE Journal of Civil Engineering, 2017(1): 1-9.

[37] Landva A O, Valsangkar A J, Pelkey S G. Lateral earth pressure at rest and compressibility of municipal solid[J]. Canadian Geotechnical Journal, 2000, 37(6): 1157-1165.

[38] Gu X, Hu J, Huang M. K_0 of granular soils: a particulate approach[J]. Granular Matter, 2015, 17(6): 703-715.

[39] 王秀艳, 唐益群, 臧逸中,等. 深层土侧向应力的试验研究及新认识[J]. 岩土工程学报, 2007, 29(3): 430-435.

[40] 刘清秉, 吴云刚, 项伟,等. K_0 及三轴应力状态下压实膨胀土膨胀模型研究[J]. 岩土力学, 2016, 37(10): 2795-2802.

[41] Kickbusch M, Schuppener B. Membrane penetration and its effect on pore pressures[J]. Journal of the Soil Mechanics and Foundations Division, 1977, 103(11): 1267-1279.

[42] Martin G, Finn L, Seed H B. Effect of system compliance on liquefaction tests[J]. J. Geotech Engng Div. ASCE, 1978, 104(4): 463-479.

[43] Zhang H. Steady state behaviour of sands and limitations of the triaxial test[D]. Ottawa:University of Ottawa, 1997.

[44] 孙益振, 邵龙潭, 王助贫, 等. 基于数字图像测量系统的砂砾土试样膜嵌入问题研究[J]. 岩石力学与工程学报, 2006(3): 618-622.

[45] Tokimatsu K, Nakamura K. A simplified correction for mem-

brane compliance in liquefaction tests[J]. Journal of the Japanese Society of Soil Mechanics & Foundation Engineering, 1987, 27(4): 111-122.

[46] Seed R B, Anwar H. Development of a laboratory technique for correcting results of undrained triaxial shear tests on soils containing coarse particles for effects of membrane compliance [R]. Reprint of Stanford University Research report No. SU/GT/86-02, 1987.

第 3 章　橡皮膜嵌入解析解推导

从第 1 章可以看出,目前橡皮膜嵌入修正方法可以分为基于试验结果的经验模型和基于理论推导的解析解模型,而经验公式往往基于某一类型土的试验结果得到,普适性有限;而解析解推导虽然需要基于某些假设,但不针对某一种土,在广泛应用方面存在一定优势,目前针对橡皮膜嵌入解析解推导方面的研究成果还比较少。

典型的如:Molenkamp 和 Luger[1]基于弹塑性理论及板壳理论针对不同膜的厚度提出了 3 种模型,其推导过程给后续的研究提供了较好的思路;Baldi 和 Nova[2]假设平面内膜的变形模式为圆弧,基于几何分析推导出了不同围压下膜嵌入量的大小;Kramer 和 Sivaneswaran[3-4]基于膜的变形方程,推导出了膜嵌入量解析解。上述解析解基本都是基于几何分析的方法推导膜嵌入量,在平面内需假定为规则的几何形状,如抛物线、圆弧等,存在一定的误差。另外,上述解析解所考虑的影响因素需要进一步补充,且推导过程需进一步完善。

3.1　橡皮膜变形模式分析

从第 1 章中图 1.1-4 和图 1.1-5 可以看出,由于橡皮膜为柔性材料,围压的施加会使其嵌入到试样表层土体颗粒的孔隙中。此过程中,受颗粒边界效应限制,膜必须贴合颗粒表面边界,因此在一定假设条件下,可以用能够表示土体表层颗粒边界的函数来描述橡皮膜的变形模式。

前述提到的 Molenkamp 和 Luger[1]、Baldi 和 Nova[2]和 Kramer

等[3]所假设的橡皮膜变形模式如图 3. 1-1 所示,其中膜的 4 边角和单元粒组 4 个颗粒的顶点重合。不难看出,橡皮膜的变形模式决定了膜最终嵌入量大小,也就决定了解析解的准确性。因此,在推导解析解之前,必须先确定合理的橡皮膜变形模式。

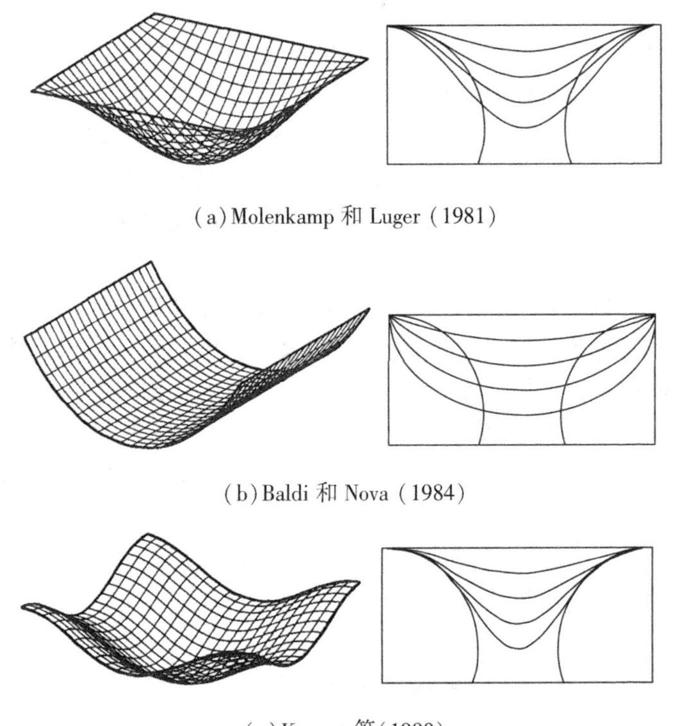

(a) Molenkamp 和 Luger (1981)

(b) Baldi 和 Nova (1984)

(c) Kramer 等(1990)

图 3. 1-1　橡皮膜变形示意

根据图 3. 1-1,可将三轴试样表层与橡皮膜直接接触的任一组 4 个土体颗粒作为一个单元粒组,假设单元粒组中 4 个颗粒在一个水平面内。可将三轴试样中土颗粒的粒径简化为平均粒径 d_{50},有效净压力 p 均匀分布于膜表面。

Molenkamp 和 Luger 假设橡皮膜变形模式符合图 3. 1-1(a)中

给出的情形，其三维形态为均匀的凸面体，在平面内其变形方程可用抛物线表示。不难发现，净压力达到一定的值后，膜的变形会超过颗粒的边界，与颗粒产生重叠，这显然不符合位移边界条件的限制。类似的，如图3.1-1(b)所示，Baldi和Nova假设橡皮膜的变形曲面类同于圆柱形曲面，平面内其变形方程可用圆弧来表示。同样，此变形模式也不符合实际膜变形形状，并且不服从边界条件。

为使单元粒组上橡皮膜的边角尽可能沿着颗粒边界变形，不发生交叠，使膜变形更符合实际变形。Kramer等提出膜的变形模式如图3.1-1(c)所示。其变形方程由波长为a的正交余弦波函数叠加得出，可以直观看出，此种变形模式相较于上面两种更加接近膜的实际变形形状。

假设空间坐标系$x—y—z$，坐落在单元粒组上，x轴和y轴过颗粒的中心点连线，其空间示意图如图3.1-2所示。颗粒中心点间距为a，颗粒粒径为d_{50}，膜的厚度为t_m，弹性模量为E_m。

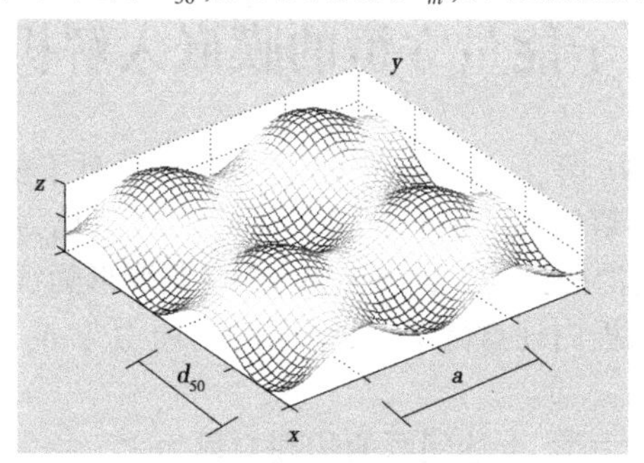

图3.1-2　空间坐标系下单元粒组示意

Kramer等给出的变形方程如下：

$$\omega(x,y)=\omega_0\left(1-\frac{1}{2}\cos\frac{2\pi x}{a}-\frac{1}{2}\cos\frac{2\pi y}{a}\right)-\alpha\omega_0\left(1-\frac{1}{2}\cos\frac{4\pi x}{a}-\frac{1}{2}\cos\frac{4\pi y}{a}\right) \tag{3-1}$$

式中　$\omega(x,y)$——图3.1-2曲面上任一点z方向挠度；

ω_0——膜的平均挠度，挠度最大值为 $\omega_0(2-\alpha)$；

α——经验系数，有效净压力 p 越大，α 越大。

α 可用式(3-2)代替：

$$\alpha = 0.15\left(\frac{pa}{E_m t_m}\right)^{0.34} \tag{3-2}$$

定义单位面积嵌入量为

$$\varepsilon_m = V_m / A_m \tag{3-3}$$

式中 V_m——膜嵌入量；

A_m——橡皮膜和试样接触面积。

将橡皮膜分为无数个微单元 dA_m，所有微单元和图 3.1-2 中曲面间的体积组成了膜总嵌入体积：

$$V_m = \int \omega_0 dA_m \tag{3-4}$$

则平均挠度 ω_0 即为本书要求解的单位面积嵌入量 ε_{Vm}。

3.2 基于能量守恒的膜嵌入解析解推导

Timoshenko 等[5]在其板壳理论中给出了对于受均布荷载正方形板大变形解析解的推导方法。可将此板简化为厚度为 t_m、弹性模量为 E_m、泊松比为 ν 的橡皮膜，假设其变形为线弹性，忽略其抗弯刚度。取板内任意微单元，平面内其内力为 N_x、N_y、N_{xy}，应变为 ε_x、ε_y、γ_{xy}。

根据弹性力学，上述问题的物理方程为

$$\begin{aligned} \varepsilon_x &= \frac{N_x - \nu N_y}{E_m t_m} \\ \varepsilon_y &= \frac{N_y - \nu N_x}{E_m t_m} \\ \gamma_{xy} &= \frac{N_{xy}}{G_m t_m} \end{aligned} \tag{3-5}$$

其中,G_m 为橡皮膜剪切模量,计算式为

$$G_m = \frac{1}{2}\frac{E_m}{(1+\nu)} \tag{3-6}$$

板壳理论给出的变形协调方程为

$$\begin{aligned}
\varepsilon_x &= \frac{\partial u}{\partial x} + \frac{1}{2}\left(\frac{\partial \omega}{\partial x}\right)^2 \\
\varepsilon_y &= \frac{\partial v}{\partial y} + \frac{1}{2}\left(\frac{\partial \omega}{\partial y}\right)^2 \\
\gamma_{xy} &= \frac{\partial u}{\partial y} + \frac{\partial v}{\partial x} + \frac{\partial \omega}{\partial x}\frac{\partial \omega}{\partial y}
\end{aligned} \tag{3-7}$$

其中,u、v、w 分别为三个方向的位移。这里需指出的是,Molenkamp 等为了简化计算,未考虑 x 和 y 方向橡皮膜本身的拉伸带来的变形,即式(3-7)右边等式第一项。

橡皮膜自身的应变能为

$$V = \frac{1}{2}\iint (N_x\varepsilon_x + N_y\varepsilon_y + N_{xy}\gamma_{xy})\,\mathrm{d}x\mathrm{d}y \tag{3-8}$$

将式(3-5)带入到式(3-8)可得到:

$$\begin{aligned}
V &= \frac{Et}{2(1-\nu^2)}\iint \left[\varepsilon_x{}^2 + \varepsilon_y{}^2 + 2\nu\varepsilon_x\varepsilon_y + \frac{1}{2}(1-\nu)\gamma_{xy}{}^2\right]\mathrm{d}x\mathrm{d}y \\
&= \frac{Et}{2(1-\nu^2)}\iint
\end{aligned}$$

$$\left[\begin{aligned}
&\left(\frac{\partial u}{\partial x}\right)^2 + \frac{\partial u}{\partial x}\left(\frac{\partial \omega}{\partial x}\right)^2 + \left(\frac{\partial v}{\partial y}\right)^2 + \frac{\partial v}{\partial y}\left(\frac{\partial \omega}{\partial y}\right)^2 + \frac{1}{4}\left[\left(\frac{\partial \omega}{\partial x}\right)^2 + \left(\frac{\partial \omega}{\partial y}\right)^2\right]^2 + \\
&2\nu\left[\frac{\partial u}{\partial x}\frac{\partial v}{\partial y} + \frac{1}{2}\frac{\partial v}{\partial y}\left(\frac{\partial \omega}{\partial x}\right)^2 + \frac{1}{2}\frac{\partial u}{\partial x}\left(\frac{\partial \omega}{\partial y}\right)^2\right] + \frac{1-\nu}{2}\left[\left(\frac{\partial v}{\partial x}\right)^2 + \left(\frac{\partial u}{\partial y}\right)^2\right] + \\
&(1-\nu)\left(\frac{\partial u}{\partial y}\frac{\partial v}{\partial x} + \frac{\partial u}{\partial y}\frac{\partial \omega}{\partial x}\frac{\partial \omega}{\partial y} + \frac{\partial v}{\partial x}\frac{\partial \omega}{\partial x}\frac{\partial \omega}{\partial y}\right)
\end{aligned}\right]\mathrm{d}x\mathrm{d}y \tag{3-9}$$

其中,v 一般可取为 0.5[6]。对于 x 和 y 方向的位移,可以用正弦

余弦波函数耦合得到[5]：

$$u = c\sin\frac{\pi x}{a}\cos\frac{\pi y}{2a} \tag{3-10}$$

$$v = c\sin\frac{\pi y}{a}\cos\frac{\pi x}{2a} \tag{3-11}$$

其中，c 为水平振幅，其值的变化只带来水平方向位移的变化，竖向不做功，得到：

$$\frac{\partial v}{\partial c} = 0 \tag{3-12}$$

将式(3-1)、式(3-2)、式(3-6)、式(3-7)带入式(3-8)可以得到：

$$c = 0.21{\omega_0}^2\left(\frac{1}{3a} + \frac{64\alpha}{15a}\right) \tag{3-13}$$

作用于膜表面的均布力 p 对橡皮膜做功应等于橡皮膜本身的应变能，可得到

$$\frac{\partial V}{\partial \omega_0}\delta\omega_0 = \int_{-a}^{+a}\int_{-a}^{+a} q\delta\omega_0\left[\left(1 - \frac{1}{2}\cos\frac{2\pi x}{a} - \frac{1}{2}\cos\frac{2\pi y}{a}\right) - \alpha\left(1 - \frac{1}{2}\cos\frac{4\pi x}{a} - \frac{1}{2}\cos\frac{4\pi y}{a}\right)\right]\mathrm{d}_x\mathrm{d}_y \tag{3-14}$$

式(3-14)中，左式为橡皮膜应变能，右式为均布力 p 做功大小，结合式(3-9)、式(3-13)、式(3-14)，消去 π 可得：

$$\omega_0 = \varepsilon_m = a\left(\frac{1-\alpha}{4M}\right)^{\frac{1}{3}}\left(\frac{pa}{E_m t_m}\right)^{\frac{1}{3}} \tag{3-15}$$

其中，$M = 324.7\alpha^4 + 237.3\alpha^2 - 3.5\alpha + 20.2$，$\alpha$ 求解依式(3-2)。

孔隙比 e 可表示为

$$e = \frac{V - V_s}{V_s} \tag{3-16}$$

式中　V——试样总体积；

V_s——土颗粒体积。

假设在一个立方体单元中有 N^3 个均匀排布的颗粒，颗粒中心点间距为 a，令 $a=\lambda d_{50}$，则 e 可表示为

$$e=\frac{N^3\lambda^3 d_{50}^3-N^3V_s}{N^3V_s}=\frac{8}{\pi}\lambda^3-1 \tag{3-17}$$

进一步地，可得到

$$\lambda=0.732(1+e)^{\frac{1}{3}} \tag{3-18}$$

还可以得到

$$a=\lambda d_{50}=0.732d_{50}(1+e)^{\frac{1}{3}} \tag{3-19}$$

将式(3-19)带入式(3-15)，可得到

$$\varepsilon_m=0.66d_{50}(1+e)^{\frac{4}{9}}\left(\frac{1-\alpha}{4M}\right)^{\frac{1}{3}}\left(\frac{pd_{50}}{E_mt_m}\right)^{\frac{1}{3}} \tag{3-20}$$

其中

$$M=324.7\alpha^4+237.3\alpha^2-3.5\alpha+20.2 \tag{3-21}$$

$$\alpha=0.15\left(\frac{pd_{50}}{E_mt_m}\right)^{0.34} \tag{3-22}$$

这样，式(3-20)即为本书所要推导的橡皮膜单位面积嵌入量表达式。

对于三轴试验，由于其圆柱体面积与体积之间满足一定关系：

$$\frac{A_m}{V}=\frac{4}{D} \tag{3-23}$$

则根据式(3-4)，总嵌入量可表示为

$$V_m=0.66\frac{4d_{50}}{D}(1+e)^{\frac{4}{9}}\left(\frac{1-\alpha}{4M}\right)^{\frac{1}{3}}\left(\frac{pd_{50}}{E_mt_m}\right)^{\frac{1}{3}} \tag{3-24}$$

式中　D——三轴试验试样直径。

当然，本书提出的膜嵌入公式不依赖于具体试验结果，因此并

不局限应用于三轴试验。对于粗颗粒土扭剪试验、水囊式 K_0 试验或真三轴试验等用到橡皮膜的土工试验均适用。例如,如对于粗颗粒土或砂土扭剪排水试验,由于其圆柱体面积与体积之间满足的关系为

$$\frac{A_m}{V}=\frac{4}{D_w-D_n} \tag{3-25}$$

其中,D_w 和 D_n 分别为扭剪空心圆柱体的内外半径,则总嵌入量演变为

$$V_m=0.66\frac{4d_{50}}{D_w-D_n}(1+e)^{\frac{4}{9}}\left(\frac{1-\alpha}{4M}\right)^{\frac{1}{3}}\left(\frac{pd_{50}}{E_mt_m}\right)^{\frac{1}{3}} \tag{3-26}$$

3.3 橡皮膜嵌入解析解试验验证

如第 2 章所述,前人所推导的几种具有代表性的解析解如下:

Molenkamp 和 Luger:

$$\varepsilon_m=0.16d_{50}\left(\frac{pd_{50}}{E_mt_m}\right)^{\frac{1}{3}} \tag{3-27}$$

Baldi 和 Nova:

$$\varepsilon_m=0.125d_{50}\left(\frac{pd_{50}}{E_mt_m}\right)^{\frac{1}{3}} \tag{3-28}$$

Kramer 和 Sivaneswaran:

$$\varepsilon_m=0.231d_{50}\left(\frac{pd_{50}}{E_mt_m}\right)^{\frac{1}{3}} \tag{3-29}$$

Kramer 等:

$$\varepsilon_m=0.395d_{50}\left(\frac{1-\alpha}{5+64\alpha^2+80\alpha^4}\right)^{\frac{1}{3}}\left(\frac{pd_{50}}{E_mt_m}\right)^{\frac{1}{3}} \tag{3-30}$$

其中,α 求解依式(3-2)。

3.3.1　内置铁棒法试验结果验证

图 3.3-1 给出了本书所推导的解析解及前人所推导解析解与内置铁棒法试验结果的对比曲线。可以看出,5 种解析解的总体趋势都一样,即随着围压的增大,膜嵌入量增大。其中式(3-28)～式(3-30)和试验值的差异较大,而本书推导的解析解和式(3-27)与试验值的差异均较小。试验围压低于 0.7 MPa 时,本书解析解和式(3-27)及试验值的曲线几乎重合;围压大于 0.7 MPa 后,本书解析解和式(3-27)都逐渐偏离试验值。围压达到 2 MPa 时,本书解析解与试验值差异为 1.7 cm^3,占总排水量的 3.8%;与式(3-27)的差异为 3.7 cm^3,占总排水量的 8.2%。总体来说,本书推导的解析解精度相对更高。

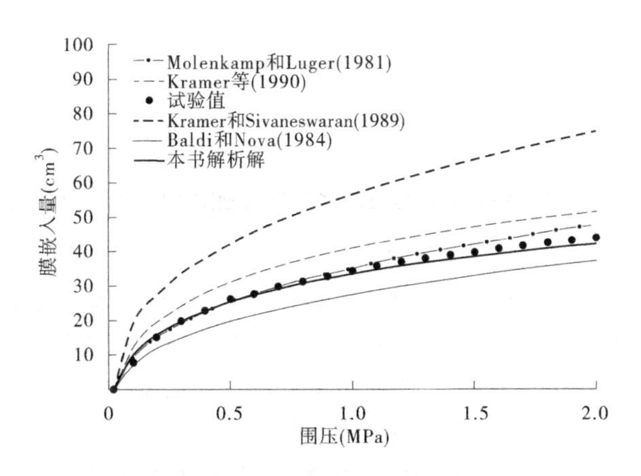

图 3.3-1　本书解析解与内置铁棒法试验值对比关系曲线

3.3.2　多尺度三轴法试验结果验证

图 3.3-2 给出了基于多尺度等向固结三轴试验得到的堆石料橡皮膜单位面积嵌入量与解析解计算得出的值的比较曲线。可以

看出,各公式计算得出的橡皮膜单位面积嵌入量均随围压的增大而增大,其中本书得出的解析解计算值最为接近试验值。原因是:粗粒土的母岩性质和级配变化较大,简单采用未考虑级配及孔隙比变化的解析解会导致橡皮膜嵌入量估算值偏小,且随着围压的增大,计算值与试验值之间的差值将逐渐增大。

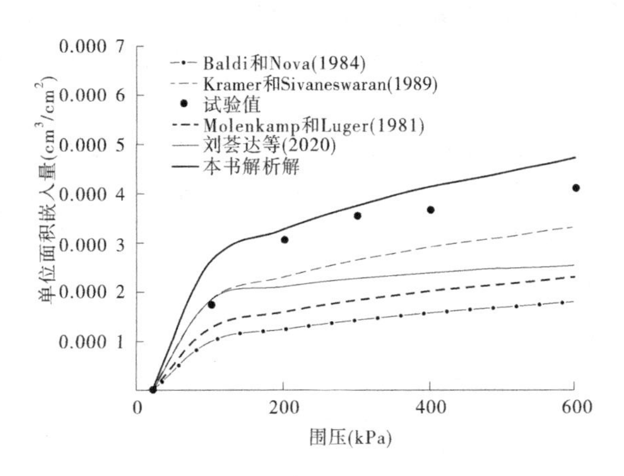

图 3.3-2　本书解析解与堆石料多尺度三轴试验值对比关系曲线

图 3.3-3 给出了基于多尺度等向固结三轴试验得到的砂砾石料(分别为 0.5~10 mm 和 1~20 mm 粒径)橡皮膜单位面积嵌入量与解析解计算得出的值比较曲线。不难发现,随着围压的增大,两种粒径砂砾石料的橡皮膜单位面积嵌入量逐渐增大,几个公式预测值与试验值的总体趋势保持一致。

显然,对于砂砾石料,Baldi 和 Nova 和本书提出的解析解计算值更接近于试验值,且围压增大后两者差异很小;Kramer 和 Sivaneswaran、Molenkamp 和 Luger 提出的解析解预测效果与试验值的差异较大。对比图 3.3-1,正如小结 2.2.6 所述,Baldi 和 Nova 提出的解析解在预测堆石料嵌入量时明显偏小,其原因可能是两种材料母岩差异较大,两者颗粒破碎不同导致。

本书推出的解析解在试验初期误差相对较大，但相比于 Baldi 和 Nova 的解析解，高围压下本书解析解计算值与试验结果非常接近。这一点与图 3.3-1 中内置铁棒法得到的计算规律一致，说明本书解析解在预测高围压下橡皮膜嵌入量较为准确。

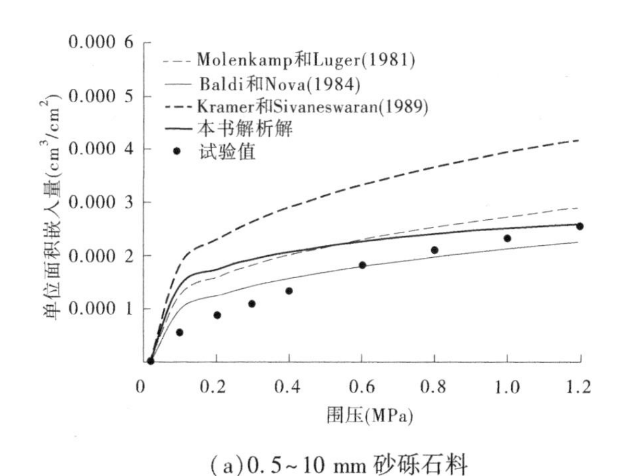

(a) 0.5～10 mm 砂砾石料

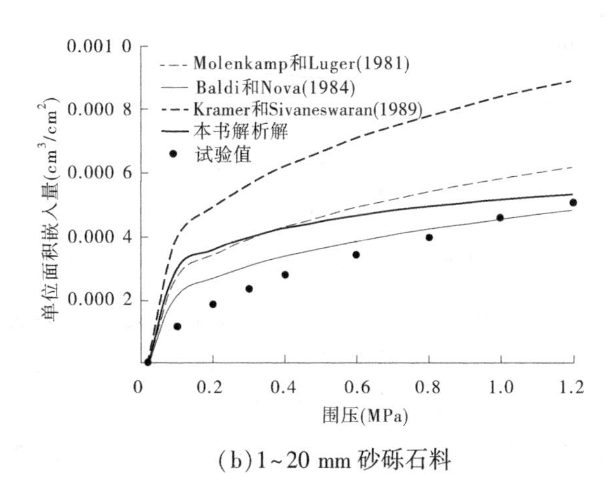

(b) 1～20 mm 砂砾石料

图 3.3-3　本书解析解与砂砾石料多尺度三轴试验值对比关系曲线

3.3.3　K_0 试验法试验结果验证

图 3.3-4 随机给出了基于 K_0 试验法得到的某一组堆石料(10 mm 单粒组粒径)橡皮膜嵌入量与解析解计算值比较曲线。从图 3.3-4 中可以看出,所有解析解计算得出的嵌入量与试验值之间均存在一定的差异。1.4 MPa 下测得的橡皮膜嵌入量约为 43.5 cm^3,而 Kramer 和 Sivaneswaran 的解析解得出的嵌入量在 200 cm^3 以上,严重高估了实际嵌入量;本书解析解得到的嵌入量在围压较小时与试验值较为接近,1.4 MPa 下计算值约为 86.3 cm^3,也快达到了实际值的两倍。

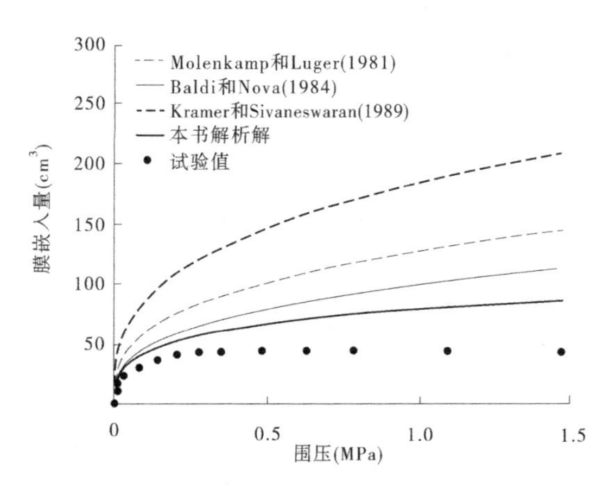

图 3.3-4　本书解析解与堆石料 K_0 试验值对比关系曲线

上述差异的原因可能是:一方面,K_0 试验法采用的是基于刚性壁的 K_0 试验仪和基于柔性壁的三轴 K_0 试验仪,一定压力特别是高围压下,刚性壁的 K_0 试验仪侧壁摩擦效应显著,而基于此结果得到的 K_0 值与实际情况存在差异(通常低估 K_0 值),因此两种仪器得到的体变差必然存在一定误差,表现为嵌入量总体测量值偏小。另一方面,上述解析解均基于一定的假设,试样组成、级配、颗粒形状等越复杂,预测结果误差就越大。上述综合原因导致 K_0 试验法得到的橡皮膜嵌入量与解析解计算值误差较大。

3.3.4 其他试验结果验证

为验证本书解析解与前人试验值之间的差异,特列举了两种典型试验值与解析解关系对比曲线。

Ali 等[7]利用水泥将砂土试样胶结起来,假设胶结试样本身不产生体积变形,测得的排水量即为嵌入量。试验围压从 35 kPa 增加到 235 kPa 后再降到 35 kPa。其试验所用橡皮膜弹性模量为 1.195 MPa,厚度为 0.42 mm。试样的直径和高度分别是 10 cm 和 20 cm。图 3.3-5 给出了其试验结果与本书解析解对比曲线示意。可以看出,本书解析解对于其加载阶段的试验拟合程度较高,但是对于卸载试验,试验值要低于解析解的计算值。原因可能是,在围压卸载的过程中,橡皮膜本身出现了不可恢复的塑性变形,而本书解析解所取橡皮膜的弹性模量为初始弹模,且假设其为线弹性材料,因此忽略了橡皮膜产生塑性变形这一因素。

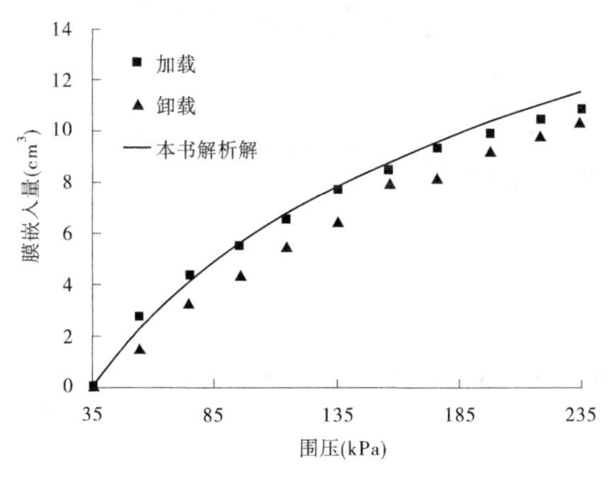

图 3.3-5 本书解析解与 Ali 等试验值对比关系曲线

孙益振等[8]基于数字图像测量系统对砂砾土试样膜嵌入问题进行了试验研究,分析了在一定粒径范围内膜嵌入量与围压及粒径之间的关系。文中指出 Baldi 和 Nova 给出的解析解与试验结果差异较大,依据其试验结果修正了该解析解。图 3.3-6 给出了本书解析解与其试验结果对比关系曲线。对于 d_{50} 为 0.7 mm 和 1.75 mm 的 ISO 标准砂,本书解析解与其试验结果拟合度很高;对于 d_{50} 为 2.0 mm 的 ISO 标准砂,本书解析解计算值与其试验值存在一定的差异,嵌入量差异最大约 254 mm^3,占总排水量的 7.6%。总体来说,对于这三种不同孔隙比和粒径的标准砂,本书解析解还是能够较好地反映真实嵌入量的大小。式(3-27)~式(3-30)未考虑孔隙比的变化带来的嵌入量变化,且与试验值的差异也较大。

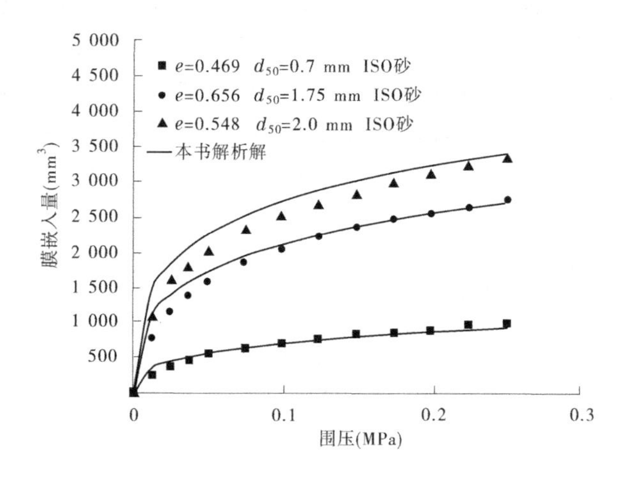

图 3.3-6 本书解析解与孙益振等试验值对比关系曲线

需指出的是，由于本书解析解是假设土料粒径为平均粒径 d_{50} 的前提下推导得到，可能只适用于级配较为良好的土。对于级配不良的土，其粒径分布不均匀，土颗粒间可能会发生架空现象[9]，无足够细颗粒填充到粗颗粒孔隙间，后续的研究需引入不均匀系数及曲率系数来完善本书解析解。

另外，作者认为，达到一定围压时，本书解析解与试验结果产生差异的原因可能是由于试验过程中颗粒的重新排列[9]和颗粒破碎[10]。围压达到一定值后，表层颗粒势必会发生错动，部分细颗粒会充填到较粗颗粒的孔隙中。另外，随着围压增大，破碎量会显著增加。颗粒破碎发生时，细粒增加，其表层土颗粒特征粒径会减小。根据式(3-20)，d_{50} 和 ε_m 是三次方比例增加的关系，这样按照 d_{50} 不变计算得到的解析解结果就会小于试验值。

对于粗颗粒土的橡皮膜嵌入解析解，后续的研究需考虑颗粒破碎等因素的影响。但由于本次三种试验均没有筛分试验完成后的土料，无法给出定量的数值确定破碎率和围压的关系来进行修正。

3.4　本章小结

本章基于板壳理论和弹性力学推导出了考虑初始孔隙比的橡皮膜嵌入量解析解，基于第 2 章中的三种橡皮膜嵌入试验结果验证了本书解析解的准确性与可靠性，结论如下：

(1) 对比发现，Kramer 等提出膜的变形模式由波长为 a 的正交余弦波函数叠加得出，此种变形模式更加接近膜的实际变形形状。

(2) 基于 Kramer 等提出的膜变形模式，根据板壳理论和弹性力学的基本方程,利用能量守恒定律推导出了橡皮膜嵌入量解析解,该解析解额外考虑了孔隙比对膜嵌入的影响。

(3)分别基于内置铁棒法、多尺度三轴试验法及 K_0 试验法结果,对比分析了本书解析解与前人解析解及试验结果的差异,总体上本书解析解计算得到的膜嵌入量与试验值吻合度最高,可用于土工试验橡皮膜嵌入问题的修正。

参考文献

[1] Molenkamp F, Luger H J. Modelling and minimization of membrane penetration effects in tests on granular soils[J]. Geotechnique, 1981, 31(4): 471-486.

[2] Baldi G, Nova R. Membrane penetration effects in triaxial testing[J]. Journal of Geotechnical Engineering, 1984, 110(3): 403-420.

[3] Kramer S L, Sivaneswaran N. A nondestructive, specimen-specific method for measurement of membrane penetration in the triaxial tests[J]. Geotechnical Testing Journal, 1989, 12(1): 50-59.

[4] Kramer S L, Sivaneswaran N, Davis R O. Analysis of membrane penetration in triaxial test[J]. Journal of Engineering Mechanics, 1990, 116(4): 773-789.

[5] Timoshenko S P, Woinowsky-Krieger S. Theory of plates and shells[M]. Tokyo: McGraw-hill, 1959.

[6] Timoshenko S P, Goodier J N. Theory of elasticity[M]. Tokyo: McGraw-Hill, 1970.

[7] Ali S R, Pyrah I C, Anderson W F. A novel technique for evaluation of membrane penetration[J]. Geotechnique, 1995, 45(3): 545-548.

[8] 孙益振, 邵龙潭, 王助贫, 等. 基于数字图像测量系统的砂砾土试样膜嵌入问题研究[J]. 岩石力学与工程学报, 2006(3): 618-622.

[9] 吴良平. 粗粒土组构试验研究[D]. 武汉:长江科学院,2007.

[10] 刘萌成,孟锋,王洋洋. 粗粒料颗粒破碎变化规律大型三轴试验研究[J]. 岩土工程学报,2020,42(3):561-567.

第 4 章　本构模型适用性验证

第 3 章用试验结果验证了本书提出的橡皮膜嵌入解析解的准确性及适用性。前边章节也提到,进行橡皮膜嵌入修正的目的是确保常规三轴试验及复杂应力路径试验能够准确地反映试样的真实体变。一方面,修正后的常规三轴试验结果能够准确地反映出计算所需的本构模型参数;另一方面,复杂应力路径试验中围压不断变化,膜嵌入的影响较大,修正后的数据能够真实地反应现有本构模型的适用性。因此,本构模型的适用性验证是本章研究的重点。

基于以上思路,本章对常规三轴试验、等 p 路径、等应力比路径试验进行了橡皮膜嵌入的修正,依据修正后的试验结果进行了常用的邓肯 E-B 模型[1]和 UH 模型[2]的适用性验证。

4.1　常规三轴 CD 试验修正及模拟

进行粗粒土常规三轴 CD 试验,一般是装好试样后在某一较小的围压(20 kPa)下进行水头饱和,饱和完成后施加围压到试验所需的值,如 400 kPa 进行固结,固结完成后一直保持此围压同时进行竖向加载直至试样破坏[3]。需指出的是,围压增加到 400 kPa 的过程中,橡皮膜发生了嵌入,试验应力—应变及应变—体变曲线真正开始的时候是在围压加到 400 kPa 后,此过程中的体变不需要修正,因为试样的排水量已进行清零处理,此排水量也包括膜嵌入的排水量。但是,在试样固结的过程中,试样的体积发生了变化,用加压后体变管的读数减去加压前体变管的读数可得到试样的固结体变量 V_g。

假设试样为各向同性,试样固结后的高度为

$$H_c = H_0\left(1 - \frac{V_g}{V_0}\right)^{\frac{1}{3}} \tag{4-1}$$

式中　H_c——试样固结后高度;

H_0——试样固结前高度;

V_0——试样初始体积;

V_g——固结过程中试样的体变量。

固结后试样面积为

$$A_c = \frac{\pi^2}{4}D_0^2\left(1 - \frac{V_g}{V_0}\right)^{\frac{2}{3}} \tag{4-2}$$

式中　D_0——试样固结前的直径。

试样固结后的体积 V_c 为

$$V_c = A_c H_c \tag{4-3}$$

可以看出,试样的固结体变量 V_g 包含了试样真实的体积变形量及橡皮膜的嵌入量,而 V_g 的取值决定了 A_c 和 H_c 的大小,从而决定了 V_c 是否为真实的试样固结完成后的体积。体变曲线中的体变是用排水量除以固结体变量得到的,应力—应变曲线中的轴变也是修正了固结过程中的下沉量。也就是说,400 kPa 前的膜嵌入量影响了曲线中体变及轴变的大小。因此,常规三轴试验数据的修正主要是修正固结过程中膜的嵌入带来的误差。加载前排水量清零且加载过程中围压是保持不变的,因此竖向加载过程中的膜嵌入不会影响到此过程中的体变,不需修正。

模拟采用的是自编的 Fortran 程序,首先,将整个三轴试样视为一个点或者单元,按照实际的加载路径,以应力增量的形式输入到对应的本构关系的计算式(线弹性模型)或者弹塑性矩阵(弹塑性模型),得到相应的应变,然后运用增量法,从而得到整个试验过程的应力—应变曲线[4-5]。关于增量形式的应力—应变关系式,这里就不赘述了。

要想通过本构关系增量计算式来逆向得到各种应变,首先必须知道本构关系中相应的所有模型参数。如何合理地确定各种模型参数决定了模拟结果的合理性、正确性以及与试验数据的吻合程度。理论上,模型所取的参数是否符合实际,只能用试验数据来检验。文献[6]提出了一种确定土体本构模型参数的最优化方法,该法以试验得到的应力—应变曲线与由模型算得的曲线绝对误差作为目标函数,以模型参数为变量,利用最优化技术优化迭代,求得最优解,即最优模型参数,它能使得由本构模型求得的应力—应变曲线最优地逼近试验曲线。本节即采用这一方法来确定各模型的参数。

图 4.1-1 为堆石料 A[7] 常规三轴试验模拟结果,曲线中的围压从上往下分别是 800 kPa、600 kPa、400 kPa、200 kPa。可以看出,UH 模型对于应力和体变的模拟结果都比较好,而邓肯 E-B 对于应力的模拟较好,试样体变模拟较差,原因主要是不能反映土体的剪胀性。

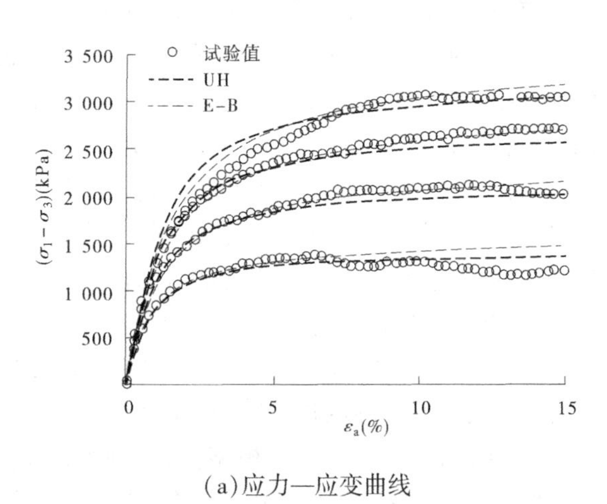

(a)应力—应变曲线

图 4.1-1　堆石料 A 应力—应变、应变—体变试验值及拟合曲线

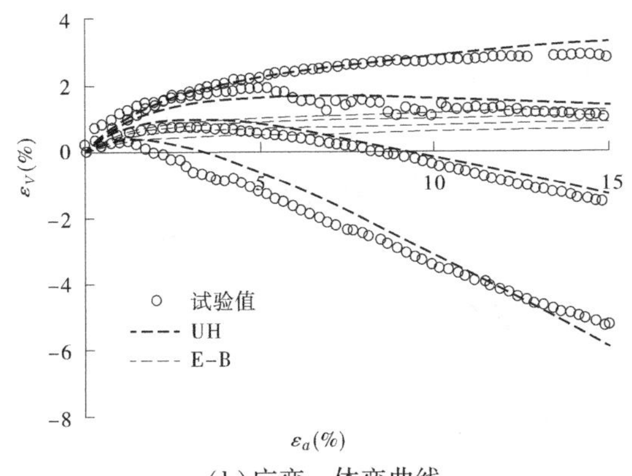

(b)应变—体变曲线

续图 4.1-1

图 4.1-2 为堆石料 B[7] 的常规大三轴试验模拟结果，围压从上往下分别是 2 400 kPa、1 600 kPa、800 kPa、400 kPa，整体来看，两种模型模拟应力的结果较好，E−B 模型模拟试样体变较差，2 400 kPa 围压下 UH 模型模拟体变差异较大，原因除了模型特别是剪胀方程[8-9]存在一定的适用性问题，本身试验结果也存在一定的误差。

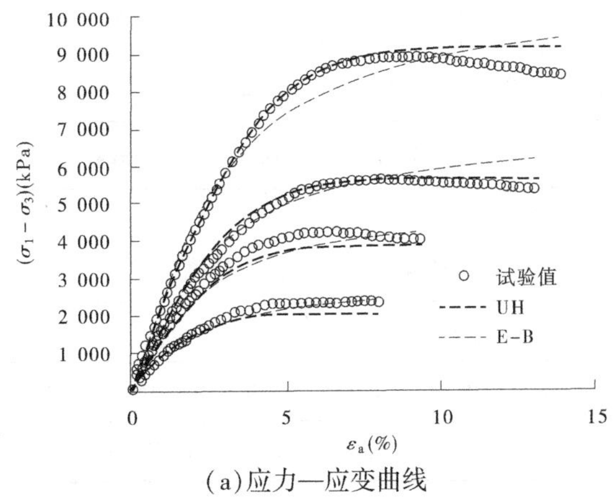

(a)应力—应变曲线

图 4.1-2　堆石料 B 应力—应变、应变—体变试验值及拟合曲线

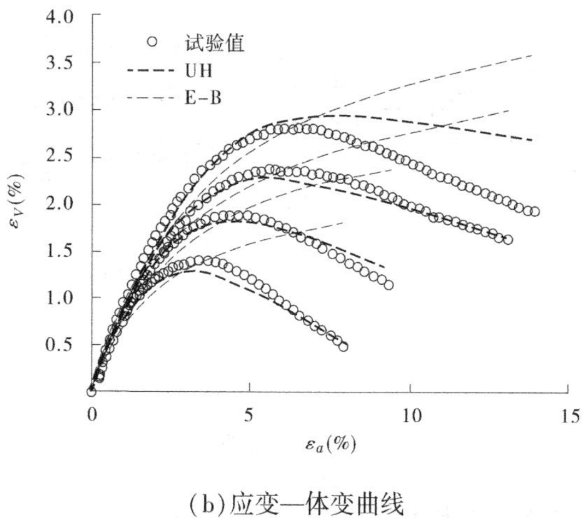

(b)应变—体变曲线

续图 4.1-2

由以上模型参数确定方法确定的本构模型参数见表 4.1-1 及表 4.1-2。

表 4.1-1　邓肯 E-B 模型参数

土料	R_f	K	n	K_b	M
堆石料 A	0.90	1 240	0.28	876	0.21
堆石料 B	0.82	1 191	0.39	524	0.29

表 4.1-2　UH 模型参数

土料	M	ν	Ce	Ct	n	pc	m
堆石料 A	1.77	0.27	0.005	0.002	0.16	1 627	0.87
堆石料 B	1.78	0.20	0.003	0.004	0.033	7 999	0.60

4.2　复杂应力路径试验模拟

(1)等 p 路径试验所用数据来自梁彬[7],制样干密度为 1.90 g/cm^3。设计以 $\sigma_1=0$、$\sigma_3=0$ 为起始点,施加某一围压,使得试样处于 $p=$常数、$q=0$ 的状态,然后增加轴向力,同时减小围压 σ_3,即保持 p 不变、q 不断增大直至试样破坏。

图 4.2-1~图 4.2-4 给出了不同 p 值下橡皮膜嵌入修正前后试验曲线与模型模拟曲线。可以发现,p 为 200 kPa 和 400 kPa 时,E-B 模型模拟的应力—应变曲线比 UH 模型模拟的好;p 为 600 kPa 和 800 kPa 时,E-B 模型和 UH 模型模拟效果都比较好。从应变—体变曲线可以看出,E-B 模型不能准确反映试样的体积变形;UH 模型能正确地反映剪胀性,具体数值大小存在一些差异。体变修正后,UH 模型模拟的体变结果较为准确,如不修正体变的话,其模拟结果与试验值间的差异较大。总体上,从修正后的体变曲线可以看出,UH 模型对体变的模拟结果还是比较令人满意的,但是低应力下剪缩段模拟不太符合实际的体变,还需要更深入的改进。

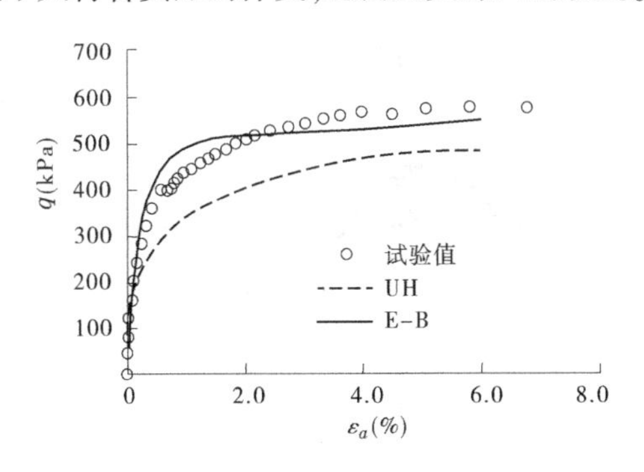

(a)应力—应变曲线

图 4.2-1　$p=200$ kPa 时应力—应变及应变—体变曲线

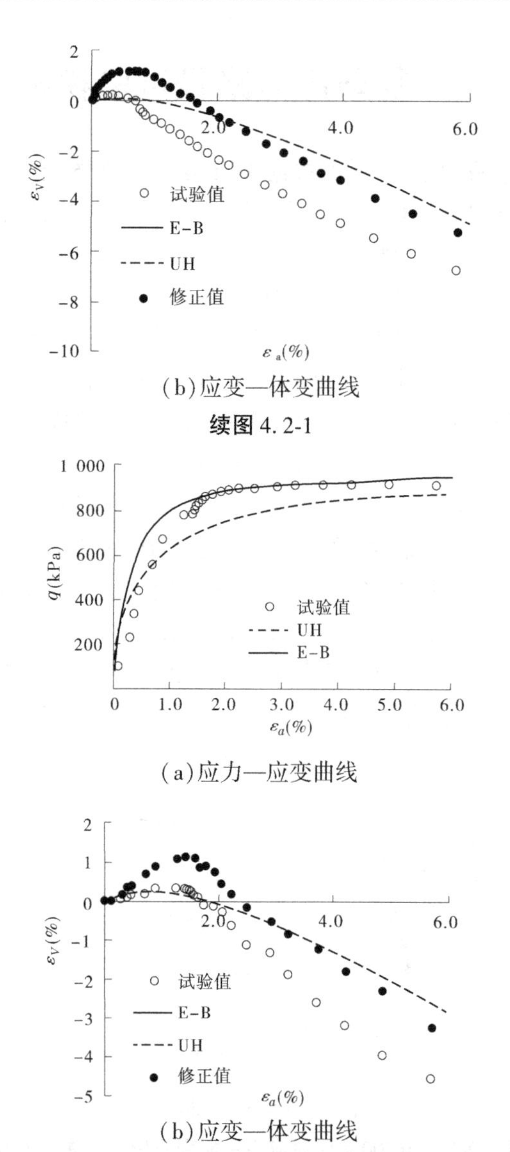

(b)应变—体变曲线

续图 4.2-1

(a)应力—应变曲线

(b)应变—体变曲线

图 4.2-2　p=400 kPa 时应力—应变及应变—体变曲线

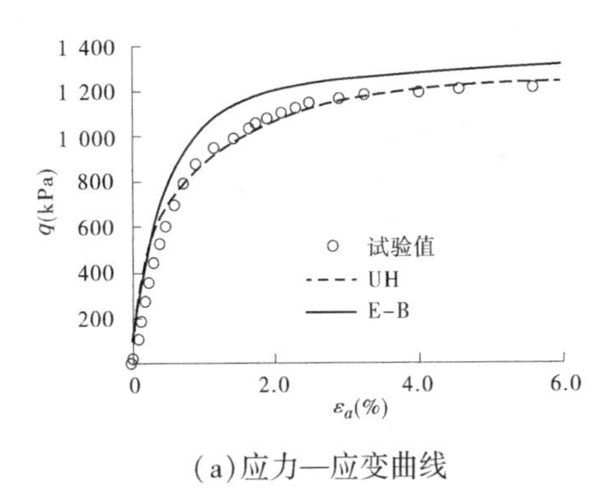

(a)应力—应变曲线

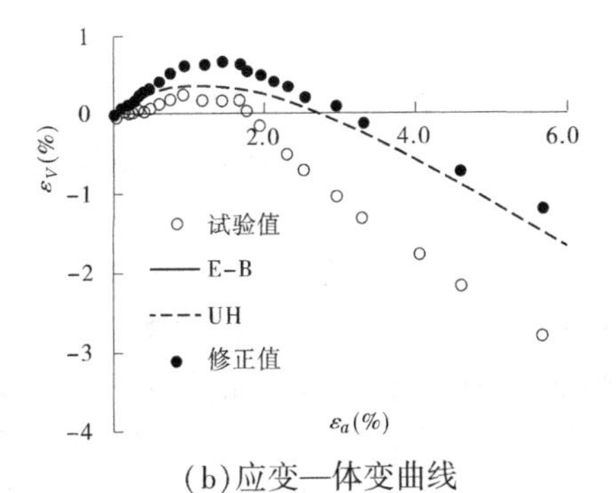

(b)应变—体变曲线

图 4.2-3　$p=600$ kPa 时应力—应变及应变—体变曲线

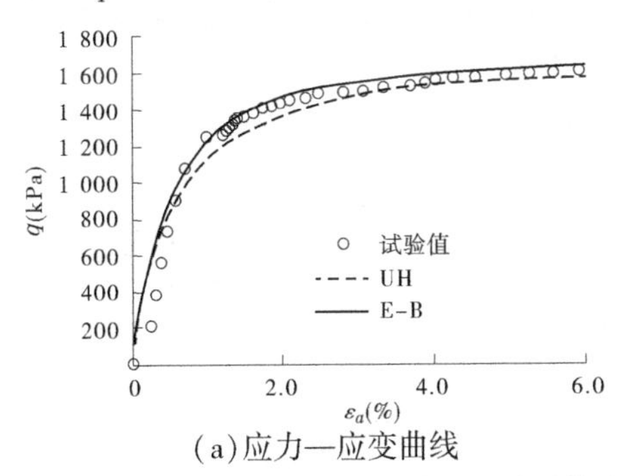

(a)应力—应变曲线

图 4.2-4　$p=800$ kPa 时应力—应变及应变—体变曲线

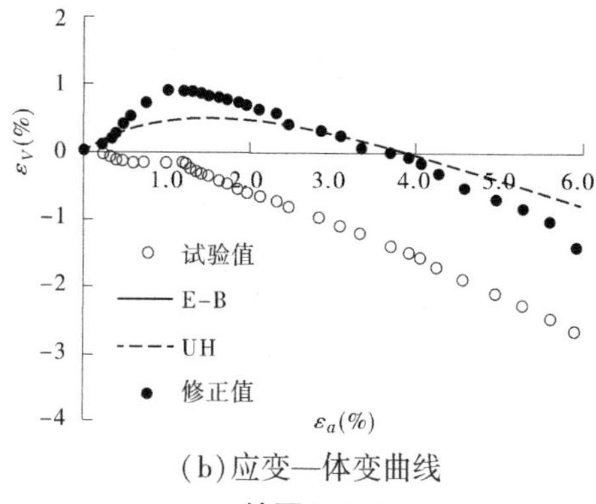

(b)应变—体变曲线

续图 4.2-4

(2)为了验证等应力比试验,对堆石料 B 进行了大型三轴等应力比试验,该仪器可以实现对轴对称试样施加轴对称应力条件下的任意应力路径。$R_1=\sigma_1/\sigma_3=2.5$,$R_2=\mathrm{d}\sigma_1/\mathrm{d}\sigma_3=1.2$,模拟水库蓄水期坝体某位置的应力路径。

从图 4.2-5 可以看出,两种模型模拟的体积变形和轴向应变都偏大,UH 模型要略好一点,对比修正后的体变发现 UH 模型对剪应变的模拟较好,但总体上两个模型对等应力比的模拟都不是太理想。原因可能是:由于测试设备的限制,粗粒土等应力比试验中应力比较难维持在一个特定的值,且排水量测量误差也较大[10]。

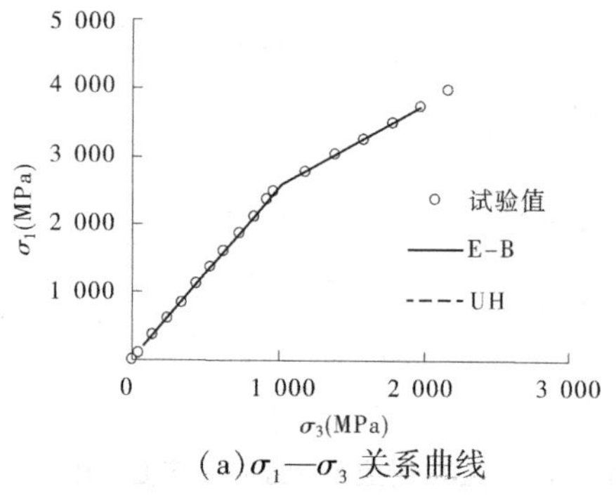

(a)σ_1—σ_3 关系曲线

图 4.2-5　等应力比路径下的各关系曲线

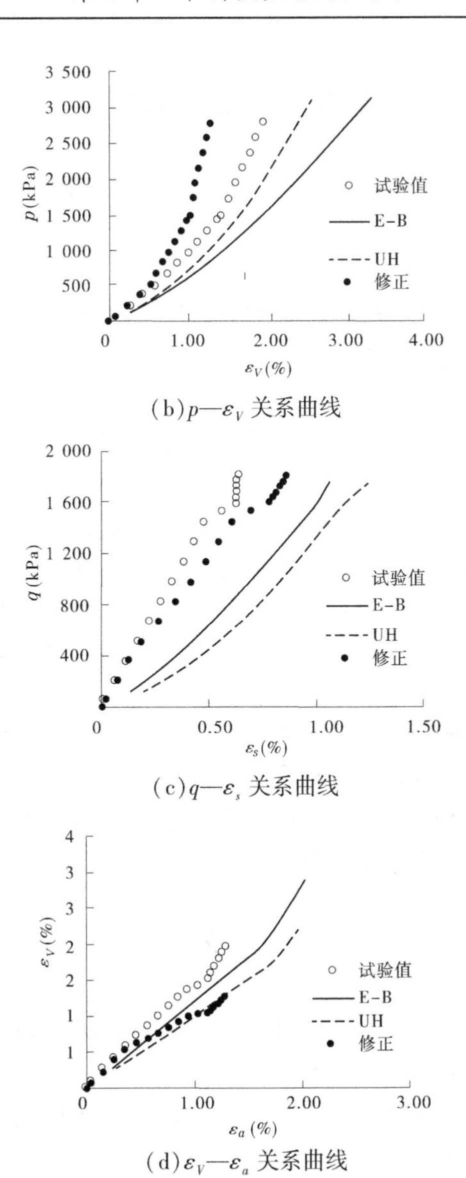

(b) p—ε_V 关系曲线

(c) q—ε_s 关系曲线

(d) ε_V—ε_a 关系曲线

续图 4.2-5

4.3 本章小结

本章对常规三轴试验、等 p 路径、等应力比路径试验进行了橡皮膜嵌入的修正,依据修正后的试验结果进行了常用的邓肯 E-B 模型和 UH 模型的适用性验证,主要结论如下:

(1)对比常规三轴试验模拟结果发现,UH 模型对于应力和体变的模拟结果都比较好,而邓肯 E-B 对于试样应力结果模拟较好,体变模拟较差,原因主要是该模型不能反映土体的剪胀性。

(2)对比等 p 路径试验模拟结果发现,E-B 模型模拟的应力—应变曲线比 UH 好; E-B 模型不能准确反映试样的体积变形;体变修正后,UH 模型模拟的体变结果较为准确,如不修正体变的话,其模拟结果与试验值间的差异较大。总体上,从修正后的体变曲线可以看出,UH 模型对体变的模拟结果还是比较满意的,但是低应力下剪缩段模拟不太符合实际的体变,还需要更深入的改进。

(3)对比等应力比试验模拟结果发现,两种模型模拟的体积变形和轴向应变都偏大,UH 模型要略好一点;对比修正后的体变曲线发现,UH 模型对剪应变的模拟较好,但总体上两个模型对等应力比的模拟都不是太理想。

参考文献

[1] Duncan J M, Byrne P, Wong K, et al. Strength, stress-strain and bulk modulus parameters for finiteelement analysis of stress and movement in soil masses[R]. Berkeley: University of California, 1980.

[2] 朱俊高,赵晓龙,何顺宾,等. UH 模型对粗颗粒土适用性验证

及土石坝工程应用[J]. 岩土力学,2020,41(12):3873-3881.

[3] 魏松,朱俊高. 粗粒土料湿化变形三轴试验研究[J]. 岩土力学,2007(8):1609-1614.

[4] Thomas J R H. The finite element method: Linear static and dynamic finite element analysis[M]. Prentice-Hall, Inc., Englewood Cliffs, New Jersey, 1987.

[5] 王丽娟, 段志东. Fortran 语言程序设计-Fortran95[M]. 北京:清华大学出版社,2017.

[6] 朱俊高, 殷宗泽. 土体本构模型参数的优化确定[J]. 河海大学学报, 1996,(2): 68-73.

[7] 梁彬. 粗粒土复杂应力路径试验研究[D]. 南京:河海大学,2007.

[8] 程展林,姜景山,丁红顺,等. 粗粒土非线性剪胀模型研究[J]. 岩土工程学报,2010,32(3):460-467.

[9] 贾宇峰,迟世春,林皋. 考虑颗粒破碎的粗粒土剪胀性统一本构模型[J]. 岩土力学,2010,31(5):1381-1388.

[10] 贾宇峰,姚世恩,迟世春,等. 应力比路径下粗粒土湿化试验研究[J]. 岩土工程学报,2019,41(4):648-654.

第5章　结　论

本书探讨了粗颗粒土三轴试验中膜嵌入的机制，依据国内外已有研究成果，总结分析了膜嵌入的影响因素；在此基础上提出了三种室内试验测试粗颗粒土橡皮膜嵌入量的试验新方法：内置铁棒法、多尺度三轴试验法以及 K_0 试验法，分别基于三种试验结果深入分析了橡皮膜嵌入量与试验围压、排水量等变量之间的关系；基于板壳理论和弹性力学推导出了考虑初始孔隙比的橡皮膜嵌入量解析解，并利用上述三种试验的结果进行了相关解析解及经验公式对比分析，验证了本书解析解的准确性与可靠性；最后利用得到的解析解公式对堆石料常规三轴试验、等 p 路径、等应力比路径试验数据进行了橡皮膜嵌入的修正，依据修正后的试验结果进行了常用的邓肯 E-B 模型和 UH 模型的适用性验证。初步结论如下：

(1)影响橡皮膜嵌入量的主要因素是：有效净压力 p、平均粒径 d_{50}、橡皮膜厚度 t_m、弹性模量 E_m、接触面积 A_m，还有初始孔隙比 e。

(2)基于 Kramer 等提出的膜变形模式，根据板壳理论和弹性力学的基本方程，利用能量守恒定律推导出了考虑初始孔隙比的橡皮膜嵌入量解析解。

(3)提出了通过在三轴试样中心埋置不同直径铁棒进行等向固结试验进而可推算得膜嵌入量的方法。随着围压的增大，膜嵌入量逐渐增大，试验初期，嵌入量增加比较快，大部分的嵌入发生在前期，约 0.8 MPa 后，嵌入量的增速变缓。从试验的全程来看，嵌入量占实时总排水量的比例可达到 31.0%~40.7%。

(4)对比分析了本书解析解与前人解析解及试验结果的差

异，总体上本书解析解计算得到的膜嵌入量与试验值吻合度较高。

（5）对常规三轴试验、等 p 路径、等应力比路径试验进行了橡皮膜嵌入的修正，依据修正后的试验结果进行了邓肯 E-B 模型和 UH 模型的适用性验证，整体来看，UH 模型拟合程度较高。